中国石油大学(华东)人文社会科学振兴计划专项经费资助

碳达峰约束下中国能源环境效率
与回弹效应时空演进研究

李治国　王杰　著

U0238782

山东大学出版社
SHANDONG UNIVERSITY PRESS
·济南·

图书在版编目(CIP)数据

碳达峰约束下中国能源环境效率与回弹效应时空演进研究/李治国,王杰著.—济南:山东大学出版社,2023.7
ISBN 978-7-5607-7843-3

Ⅰ.①碳… Ⅱ.①李…②王… Ⅲ.①环境经济学—研究—中国②能源效率—研究—中国 Ⅳ.①X196②F206

中国国家版本馆 CIP 数据核字(2023)第 089076 号

责任编辑　李艳玲
封面设计　王秋忆

碳达峰约束下中国能源环境效率与回弹效应时空演进研究
TANDAFENG YUESHU XIA ZHONGGUO NENGYUAN
HUANJING XIAOLÜ YU HUITAN XIAOYING SHIKONG
YANJIN YANJIU

出版发行　山东大学出版社
社　　址　山东省济南市山大南路 20 号
邮政编码　250100
发行热线　(0531)88363008
经　　销　新华书店
印　　刷　济南乾丰云印刷科技有限公司
规　　格　720 毫米×1000 毫米　1/16
　　　　　12.5 印张　218 千字
版　　次　2023 年 7 月第 1 版
印　　次　2023 年 7 月第 1 次印刷
定　　价　48.00 元

版权所有 侵权必究

前　言

近年来,全球不断出现的资源型污染和生态失衡问题日益突显出资源浪费与经济发展的矛盾。作为资源驱动经济发展的典型代表,中国同样很难避开碳密集型的经济发展道路。2019 年,我国二氧化碳排放总量约为 98.26 亿吨,占世界二氧化碳排放总量的 27％左右。作为负责任的大国,中国始终将节能减排事业作为经济转型发展的重要任务,2020 年在金砖国家领导人第十二次会晤时,国家主席习近平再次明确提出,中国将提高国家自主贡献力度,二氧化碳排放力争于 2030 年前达到峰值,努力争取 2060 年前实现碳中和。在碳达峰和碳中和的"双碳"目标约束下,节能减排成为中央和地方政府工作的"重中之重"。由于我国各地区资源禀赋、经济发展水平有较大的差异,中央和地方为实现节能减排目标,必须考虑各地区实际情况,只有充分掌握地区能源环境效率差异,明晰能源环境效率的影响因素,才能有针对性地制定和实施政策措施。同时,我国工业化进程的迅猛发展不仅使得工业部门成为我国最大的能耗部门,而且使得人们日益关注能源消费和能源环境效率之间的关系。一般而言,技术进步能够推动能源节约,然而,能源环境效率的提升却没能有效地降低能源消费量,反而一些地区出现了所谓的"回弹效应",即能源消费大幅度提升。因此,准确把握我国工业能源环境效率及能源回弹效应对能源消费的影响,对于该课题的研究具有重要意义。

为了多角度掌握地区能源环境效率差异,本书首先基于区域划分的九大原则,将我国大陆划分为八个经济区域,具体包括:东部沿海地区、南部沿海地区、北部沿海地区、东北地区、西北地区、西南地区、黄河中游地区以及长江中游地区。以这八个经济区域为研究对象,通过构建 Global Malmquist-Luenberger 生产率指数模型,测算了 2000—2020 年我国 30 个省份及八大区域的全要素能源环境效率,并利用泰尔指数定量测算区域全要素能源环境效率的差异,进而构建固定效应模型,实证分析区域全要素能源环境效率的影响因素。本书的分析结果表明:研究期内我国全要素能源环境效率持续增长,其中四个直辖市全要素能源环境效率年均增长较快,海南省、贵州省和新疆维吾尔自治区全要素能源环境效率年均增长较慢;我国八大经济区域全要素能源环境效率年均增长率由高到低依次为北部沿海地区、东部沿海地区、东北地区、长江中游地区、西南地区、黄河中游地区、南部沿海地区、西北地区;八大经济区域的总体、区域间和区域内能源环境效率差异整体上不断缩小;区域的经济发展水平、产业结构、能源消费结构、对外开放程度和技术进步与区域能源环境效率呈现出显著正相关性,区域城镇化水平与能源环境效率虽呈现出正相关关系,但并不显著。同时,能源环境效率在空间维度存在较为显著的空间相关性特征,并受到周边地区上述因素的空间溢出效应的显著影响。

其次,本书通过 DEA 方法对我国省级工业部门的全要素能源环境效率进行测算,结果表明:东部地区全要素能源环境效率高于中西部地区,呈现较为平稳的下降趋势,而中西部地区的工业行业的能源环境效率存在较大的调整和提升空间,低于全国水平。除此之外,本书在新古典三要素生产函数的框架下,按照索洛余值的方法计算柯布-道格拉斯生产函数中技术进步贡献率,进而估算了中国多省份和不同区域间工业部门由技术进步引起的能源回弹效应,实证结果表明:整体而言,2001—2020 年,中国总体的平均回弹效应为 65.32%。分区域而言,西部地区的能源回弹效应要高于中部地区和东部地区,东部的能源回弹效应最小,为 48.79%;全国整体和东、中、西各个地区的历年能源回弹效应的变化呈现出非固定的变化规律。通过上述理论梳理和实证分析可知,我国整体和各省份之间的工业部门的能源环境效率仍存在很大的改善空间。

再次,进一步研究碳约束下中国能源利用效率与经济增长之间的关系。本书立足于经济内生增长理论与全要素生产框架,通过非径向、非角度的 SBM 模型与 SBM-undesirable 模型,测算出能源经济效率与能源环境效率,并在此基础上利用改进的 EKC 模型完成参数估计和回归结果分析。

最后,为研究经济发展与碳排放的关联,本书基于"碳强度减排"和"碳排放达峰"的双控目标约束进行情景分析,从而筛选出工业经济增长与节能减排的最优协同路径。同时,本书基于 2001—2020 年的相关数据,以典型性省份——山东省工业行业为研究对象,研究其经济增长与碳排放之间的脱钩关系。本书运用 Tapio 脱钩模型实证分析山东省的工业行业经济增长与碳排放的脱钩状态,发现山东省的工业行业在 2001—2005 年的样本期内,呈现出扩张负脱钩和扩张联结交替的特征,2006 年表现为强脱钩,2007—2016 年表现为弱脱钩,2017 年以后则表现为强脱钩。本书继而运用 LMDI 分解法深入探讨了 2001—2005 年、2006—2020 年山东省工业行业碳排放量变化的影响因素,发现能源结构效应与人口规模效应的正向贡献值均小于经济产出效应,后者的正向贡献值最大,能源消耗强度效应由 2001—2005 年的正向贡献转为 2006—2020 年的负向贡献;同时运用脱钩努力模型进行脱钩努力状态评价,结果表明 2001—2005 年山东省工业行业的脱钩努力状态表现为未做脱钩努力,2006—2020 年表现为弱脱钩努力。在此基础上,运用基于 IPAT 模型的能源消耗预测模型,设定三种情景,对山东省工业行业 2023—2030 年碳排放量及其与经济增长的脱钩状态进行预测。研究发现,在基准情景、节能情景、强化节能情景三种情景下,碳排放与经济增长的脱钩关系依次表现为弱脱钩状态、强脱钩边缘状态、强脱钩状态。对山东省"工业碳经济—能源消费—生态环境"系统进行系统耦合度和耦合协调度分析,发现上述三个系统耦合度相当,耦合协调度已经达到一个相对较高的水平。碳排放与经济发展、能源环境要素间的协调性增强,整体上向低碳化发展模式转变,低碳发展已有雏形,碳排放量有所降低,低碳发展潜力增大,但是近几年有反弹趋势,发展并不稳定,还未实现碳排放达峰;能源利用率显著提高,但是结构还不尽合理;环境得到改善,但是废气、废水、固体废弃物等污染排放依旧严重,治污成本大,生态环境压力依然存在。

根据上述研究结果,本书分别从增强政府能源管理能力,优化产业结构、优先发展第三产业,调整能源消费结构、实现能源结构多元化和清洁化,加快技术进步、提升能源利用效率,适度扩大出口、鼓励进口贸易,建立节能型社会、形成全面节能的社会氛围等方面,提出提升能源环境效率并与经济协同发展的对策建议。

作　者

2023 年 2 月

目　录

绪　论

伴随着中国经济发展规模的不断扩大,能源消费总量持续攀升。作为全球最大的能源消费国,中国所面临的节能减排形势严峻,迫切需要在碳达峰目标约束下推动能源结构转型、实现能源利用效率提升。本章结合中国能源使用现状,揭示了能源环境效率研究的理论价值和实践意义。同时,围绕中国能源环境效率问题明确构建了综合性架构,涵盖理论与文献梳理、不同层面(国家、省级、区域、工业部门)能源环境效率测度、能源环境效率影响因素、回弹效应以及工业经济增长和节能减排的协同推进等问题。

第一节　研究背景

改革开放以来,我国的经济发展水平不断提高。1978 年,我国的国内生产总值为 3678.7 亿元,占世界 GDP 总量不到 1.8%,全球排名第十;2010 年,我国的国内生产总值为 412119.3 亿元,占世界 GDP 总量 9.27%,首次超过日本的经济总量成为世界第二大经济体;到 2018 年,我国的国内生产总值为 900309.0 亿元,占世界 GDP 总量 16% 左右,稳居世界第二。1978—2018 年这 40 年来,中国的经济总量翻了 200 多倍(按照不变价格计算),年均增长率保持在9.1% 左右,中国的经济增长创造了世界经济增长的奇迹。

能源是经济中不可缺少的生产资料和生活资料,经济的增长也必然会带来能源消费总量的快速提升。我国的能源消费总量由 1978 年的 5.7 亿吨标准煤增长到 2018 年的 46.4 亿吨标准煤,平均年增长率保持在 5.38% 左右。其实,2010 年,我国就已经成为世界煤炭消费和能源消费第一大国。而我国能源生产总量从 1978 年的 6.28 亿吨标准煤到 2018 年的 37 亿吨标准煤,年均增长率只有 4.5% 左右,甚至有部分年份是负增长。我国的能源生产早已不能满足能源消费需求,一方面是因为能源生产总量增长率较低甚至出现负增长,再加之能源消费总量的不断攀升,导致两者的差距越来越大;另一方面,我国能源存在"富煤、贫油、少气"的资源禀赋特征,决定了能源生产中将近 70% 都是原煤,而原油、天然气等自然资源的本国供给是相当匮乏的,因此我国能源需求不得不依赖于国外进口。需要注意的是,1993 年,我国成为天然气净进口国;1996 年,我国成为原油净进口国;2009 年,我国成为煤炭净进口国。能源需求的对外依存度一直在不断攀升。到 2018 年,我国石油对外依存度和天然气对外依存度分别为 70% 和 46% 左右。匮乏的化石能源资源,过高的对外依存度,不断攀升的能源需求,都对我国的能源资源的供给产生了巨大的压力,也已经成为经济发展的制约因素。

高速的经济发展带来了能源需求的快速增加,而大量的粗放型的能源消费又带来了生态环境的严重恶化。在我国重点区域实施煤炭消费总量控制之前,我国的煤炭消费总量一直占能源消费总量的 60% 以上。2018 年后,煤炭消费量占一次能源消费总量首次低于 60%,但依然处于较高水平。虽然我国"富煤、贫油、少气"的能源禀赋为我国煤炭消费带来了大量的供给,但是煤炭的能源转化率低,其消费之后会产生大量的温室气体,特别是二氧化碳、二氧化硫等化合物。大量的温室气体集中到一起,就会产生温室效应。随着温室效应越来越严重,全球气温普遍上升,冰川融化,生物多样性降低,雾霾天气等生态环境恶化现象便开始频繁出现,给人类的生活造成直接危害。世界资源研究所(WRI)数据显示,2009 年,我国超过美国成为世界最大的二氧化碳排放国,在全球碳排放总量中的占比超过 25%,且下降的趋势不明显。二氧化碳气体的大量排放,带来了全国环境空气质量不断下降的不良后果,根据我国生态环境部公布的《中国环境状况公报》,2016 年,我国 70% 以上的城市空气质量未达标。2019 年 1 月,在国际绿色和平组织公布的"全球空气最差城市排行榜"中,沈阳和武汉分别居于第 4 位和第 8 位。

近年来,全球不断出现的资源型污染和生态失衡问题日益突显出资源浪费与经济发展的矛盾。在资源枯竭和生态环境恶化的巨大压力下,节能、减排成为世界经济的一个新的发展方向。我国作为世界第二大经济体,理应承担起更多的国际社会责任,为其他发展中国家作表率,优化能源消费结构,优先发展节能环保产业,加大清洁能源开采技术投入,加快绿色能源取代一次能源的进程,从源头上提高能源环境效率并扭转生态环境恶化的趋势。为了推动实现绿色、低碳、可持续发展的经济发展目标,在"十一五"规划中,中央政府首次提出"单位 GDP 能耗下降 20%"的目标,到目前为止,节能减排工作一直是中央和地方工作的"重中之重"。中央提出的总目标需要各地方共同完成,由于我国幅员辽阔,地理位置、气候条件等有所不同,使得地区资源禀赋差异较大,再加上前期我国实行的"效率优先""优先发展东部地区"等一系列的不均衡区域发展战略,我国各地区之间的经济发展水平、发展模式等都有较大的差异。因此,地方在制定和实施节能减排政策措施时必须考虑自身的发展状况,只有各地区制定合理的节能减排规划并加以落实,中央政府提出的约束目标才有可能实现。各地区为了实现这一目标,推动低碳经济发展,都必须按照"高效率"的原则,转变能源经济发展方向,优化能源结构,进一步加强对高能耗工业产业的控制,扩大可再生清洁能源的开发和使用,以此来拒绝粗放式能源消耗模式,提高各地区的能源使用效率,降低二氧化碳排放量,共同推动我国由能源生产和消费大国向高效、绿色、高科技强国的转变。

与此同时,我国工业化进程进一步加快,工业能源消费量占能源消费总量的比重也逐年上升,并且工业部门也是我国能源消耗最大的行业,属于高耗能行业。从能源消费的总量来看,2020 年,我国能源消费总量为 498314 万吨标准煤,其中工业部门能源消费总量为 332625 万吨标准煤,占比约为 66.75%。在工业内部的细分行业中,制造业的能源消耗量最大,就 2020 年而言,制造业能源消耗量为 279651 万吨,占比约为 84.07%。从时间维度来说,2000—2020 年,我国能源消费总量从 103773.85 万吨标准煤增长到 498314 万吨标准煤,增长了 380.19%,工业部门的能源消费总量则从 96191.30 万吨标准煤增长到 332625 万吨标准煤,增长了 245.80%。目前,我国能源消费均集中于特定部门和特定行业,这是我国产业发展存在的一个较大问题。工业部门这一高能耗行业在为国民经济的发展作出巨大贡献的同时,也使得我国能源消费总量日益增加,因此,节能减排和提高能源环境效率是我国工业部门的重要任务。

技术进步是节约能源和提高能源环境效率的重要手段,而中国在借鉴发达国家经验的基础上,为此作出了巨大的努力。一方面,国家出台了各项法律法规和制度措施以保障节能减排和提高能效;另一方面,积极引导社会形成节能减排的风气,并取得良好成效。同时,许多行业为了达到减少能源消耗量、改善环境污染状况的目标,也制定了相应的对策和标准,以此来提高行业的能源环境效率。

一般而言,能源使用效率的提高将使得对该能源的需求降低,然而能源环境效率的提高也会使该种能源使用成本下降,反而引起需求的扩张,这就是"回弹效应"。能源回弹的程度受到能源种类、环境和时间的影响,但任何能源服务的"增加量"都将抵减能源环境效率提高所带来的"能源节约量"。能源环境效率的提高并没有达到预期的效果,回弹效应的存在显然违背了能源环境效率改革的最终目的。由于回弹效应的大小在很大程度上决定了能源政策是否能达到既定的节能效果,因此,可以将回弹效应作为衡量能源政策效果的一个重要指标。

第二节　研究意义

一、理论意义

随着世界经济发展方向的转变,资源和环境问题的重要性和紧迫性越来越受到人们的重视,能源环境效率相关研究也随之兴起。近年来,国内外学者关于能源环境效率的研究已经取得了不少成果。本书通过对国内外能源环境效率相关研究进行归纳和整理,试图对能源环境效率评价体系进行拓展和完善。

1.本书选取 Global Malmquist-Luenberger 生产率指数模型,并对模型中的投入项和产出项进行拓展,其中投入项在现有的研究基础上增加技术要素投入,产出项在原有的期望产出的基础上增加非期望产出二氧化碳排放量,从而将劳动要素、资本要素、能源要素、技术要素、经济产出和环境污染整合在一起,更加全面合理地对能源环境效率指标进行测算和分析。

2.本书利用国家宏观数据、中观数据,从多个角度对我国能源环境效率变化进行系统的评价。首先,从国家和省级两个层面对研究期内我国全要素能源环境效率变化及其分解指数进行分析和比较。其次,按照八大综合经济区域划分方法对我国省份进行划分,从定性和定量两个角度分析我国能源环境效率区域层面的变化。通过构建泰尔指数模型,对能源环境效率的区域差异进行定量测算和比较,并建立面板数据固定效应回归模型。该模型全面考察了经济发展水平、产业结构、能源消费结构、对外开放程度、技术进步和城镇化率等六大因素对区域能源环境效率的作用方向和作用程度。

3. 当前,关于能源回弹效应的研究是能源经济学中的一个热点话题,国外在这一领域已经有了大量研究,无论是研究的广度还是深度都有了较为明显的进展。而国内方面对于回弹效应的研究还相对较少,且研究还不够深入。同时,我国在能源回弹效应上的研究大部分集中于钢铁行业、居民用电量和交通运输业,研究范围略窄。本书基于省级面板数据对我国工业能源效率及回弹效应进行研究,具有重要的理论意义。

4. 本书基于脱钩理论研究山东省工业行业经济增长与碳排放的关系,突破了以往粗放型经济发展理念,而是从低碳环保的视角提供理论支持。本书利用 Tapio 脱钩模型,分析 2001—2020 年山东省工业行业碳脱钩演化特征,为后期学者研究行业脱钩提供一定的理论参考。本书运用对数平均迪氏指数(LMDI)分解法对影响山东省工业行业碳排放量的五种因素进行深入分析,为工业行业长期实现强脱钩提供数据支持,并运用脱钩努力模型,使研究内容丰富且充实,为后期学者进行相关领域的研究提供借鉴。

二、实践意义

1. 在我国资源枯竭和生态环境恶化的背景下,本书利用国家统计局公布的数据,对我国各省份能源环境效率以及区域差异方面进行实证分析,对我国绿色、节能的经济可持续发展具有三个方面的意义。首先,在二氧化碳排放量的约束之下,测算我国各省份全要素能源环境效率值并利用 Global Malmquist-Luenberger 生产率指数模型对总效率值进行分解,为我国各省份能源利用效率提供量化参考,有利于各省份找准自己在全国所处的位置,并分析与其他省份存在差距的原因。其次,本书以区域为研究对象,定量分析了各区域之间能源环境效率差异以及区域内部能源环境效率差异,有利于国家更准确地了解各区域能源利用效率的情况以及各区域节能的潜力,为中央有效地制定区域节能减排政策提供理论依据。最后,本书对我国区域能源环境效率差异的影响因素构建了评价模型,有助于各地区快速地识别影响节能减排的关键因素,以及各因素对能源环境效率的作用机制与影响路径,帮助各地区根据自身的情况合理地制定节能减排政策,推动各地区能源利用效率的提升。而各地区能源环境效率的提升最终一定会带来全国能源利用效率的全面提升,从根本上解决我国资源枯竭和环境恶化的问题,对于建设绿色、高效、可持续发展的高科技强国具有重要的现实意义。

2.能源消费是关系国家发展的重要问题,制定全国和各地区节能减排规划的前提,就是科学、全面地认识我国能源消费存在的问题。而对我国过去数年间工业能源环境效率及回弹效应的测算则有助于了解我国工业能源消费现状及能源环境效率变化规律。基于本书的研究结论,政府部门能够对我国工业能源环境效率的变化情况有一个准确的把握,进而作出科学的决策,有效地提高我国工业部门的能源环境效率,真正实现节能减排目标。

3.山东省是能源消耗大省,本书选择山东省作为样本具有典型性和代表性。研究山东省工业行业如何在保持经济可持续增长的同时,降低二氧化碳的排放量,长期实现二者的强脱钩,对解决山东省目前切实存在的问题具有很强的现实意义。第一,本书整理分析了山东省工业行业经济增长与碳排放的关系,并与山东省总体经济增长和碳排放关系进行比较,为山东省发展绿色低碳经济提供强有力的数据支撑。第二,剖析山东省工业行业碳排放与经济增长的脱钩状态,对山东省针对特定行业提高能源利用效率、降低碳排放有着重要的现实意义。第三,本书在分析目前山东省工业行业经济增长与碳排放脱钩状态的基础上,对影响碳排放的各个因素进行深层次挖掘,并对其影响效应进行具体量化,这对山东省利用具体效应降低碳排放提供了切实可行的参考和指导。

第三节　研究方法与研究框架

一、研究方法

(一)系统分析法

系统分析方法是将需要解决的问题作为一个协调统一的系统,通过对系统中各个要素进行综合分析从而解决问题。在本书中,能源利用、环境保护与经济产出三个方面的关系构成了"3E"系统,该系统涵盖了社会发展系统中能源、经济和环境三个子系统之间的交互作用。本书对于能源环境效率的测算、二氧化碳排放量的约束与经济增长的现实要求之间关系的研究,也是立足于该系统的理论和框架体系内的。能源、环境对经济增长的影响机制是各子系统内部要素之间以及子系统间在发展演变过程中相互联系、相互影响和相互制约的外在效果的反映,只有将能源、环境和经济纳入一个系统中进行研究,研究结果才能够全面、准确和有说服力。

(二)数据包络分析法

数据包络分析法是运用线性规划的思路,采用多个产出指标和多个投入指标,对具有可比性的多个决策单元进行效率评价。由于数据包络分析方法相对来说客观性强,原理简单,适用范围广,可同时处理多产出、多投入问题,目前在能源环境效率研究领域中已经得到了广泛应用。本书基于数据包络分析方法,运用全域生产可能集、方向距离函数以及 Malmquist-Luenberger 生产率指数构造出 Global Malmquist-Luenberger 生产率指数模型,并使用该模型对全要素能源环境效率进行测算。

(三)泰尔指数法

泰尔指数是定量测算区域差异时使用最为广泛的指标,该指标在测算中不会受到区域个数的限制和影响,而且测算出的结果不仅有总体区域差异,还包括区域间差异和区域内差异,可以对研究对象进行更加深入的分析。本书使用泰尔指数法对能源环境效率的区域差异进行定量测算并展开实证分析。

(四)比较分析法

比较分析法是通过对研究对象进行各维度对比,从而更清晰地发现不同事物之间的差异和发展规律。本书运用比较分析法主要体现在三个层面:第一是对于能源环境效率及其分解指标与能源经济效率及其分解指标进行的比较;第二是对不同假设所得的效率指标(例如,ENE,ENPTE,ENSE[①])的对比,主要是为了确定能源利用效率非有效的主要影响因素;第三是对我国整体水平、东中西三大地区的能源经济效率与能源环境效率及其分解指标进行比较,并对参数估计结果进行对比分析,从而更有效地发现问题,识别不足,保证政策建议与改进方向更加具有准确性和针对性。

(五)情景分析法

本书基于 IPAT 情景预测模型,运用情景分析法分别设计三种情景、三种参数,对 2023—2030 年山东省工业行业碳排放量和脱钩情况进行预测。

---

① ENE 表示能源环境效率,ENPTE 表示能源环境技术效率,ENSE 表示能源环境规模效率。

二、研究框架

本书建立"双碳"目标约束下能源环境效率与回弹效应的区域差异的分析框架,见图1。具体分析:(1)说明"双碳"目标约束下研究能源环境效率与回弹效应区域差异的价值;(2)研究作用机理的动态性和关联性;(3)针对区域差别等,对能源环境效率及能源回弹等方面进行情景分析与实证分析,同时明确上述各自的影响因素及彼此之间的关联;(4)提出在"双碳"目标约束下提升区域能源环境效率的对策建议。

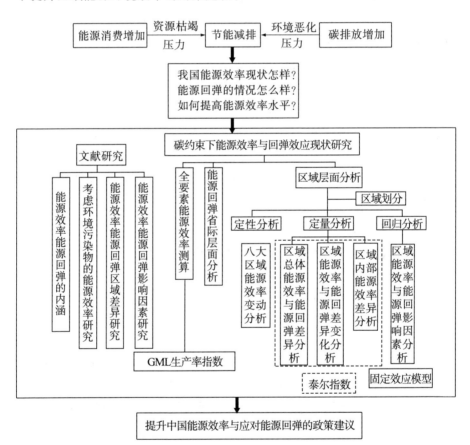

图 1　研究框架

各章节的主要内容安排如下。

绪论。本章主要阐述本书的研究背景,研究我国能源环境效率区域差异、能源回弹及相关脱钩问题的理论意义以及实践意义,概括全书内容,并对其中所使用的研究方法、研究思路以及创新点进行说明。

第一章:能源环境效率与能源回弹的相关理论与文献综述。本章从能源环境效率的内涵与测算方法、能源环境效率区域差异以及影响因素、能源回弹与经济发展、经济增长与碳排放脱钩等方面展开论述,并作出相关评述。

第二章:碳达峰约束下全要素能源环境效率测算与分析。本章构建了考虑二氧化碳排放量的 Global Malmquist-Luenberger 生产率指数模型,对模型构建方法、数据来源与计算方法进行阐述,并从国家层面和省级层面对测算出的全要素能源环境效率进行实证分析。

第三章:碳达峰约束下区域层面全要素能源环境效率分析。本章首先阐述了中国区域划分演变历程及本书所采取的区域划分方式,并对该划分方式的优点进行说明;其次对八大经济区域全要素能源环境效率变化情况进行分析;最后通过构造泰尔指数,定量分析全要素能源环境效率的区域差异大小及变化情况。

第四章:碳达峰约束下区域全要素能源环境效率影响因素分析。本章对影响因素的选取及其区域差异进行详细说明,通过构造面板数据的固定效应计量模型,实证分析了六大因素对区域能源环境效率的影响方向与影响程度。

第五章:我国省级工业能源环境效率测算。基于 DEA 方法,利用我国省级的资本、劳动、能源三方面投入数据和总体产出数据等,测算出我国省级工业能源使用效率,实证分析我国工业能源消费总体情况。

第六章:我国省级工业能源回弹效应估算。建立资本、劳动、能源三种投入的柯布-道格拉斯生产函数模型,基于我国工业部门的省级面板数据进行实证分析,进而得出各区域能源回弹效应及其原因。

第七章:基于 EKC 模型的能源环境效率与经济增长关系的实证分析。本章首先对所用样本数据及变量选择进行说明,并根据研究需要将 EKC 模型与省级面板数据相结合,得到本书的回归模型;之后,本书对面板数据进行检验,主要涉及平稳性检验、协整检验以及固定效应与随机效应选择的检验,以避免伪回归现象;最后,分析说明回归结果及相关具体系数。

第八章:碳达峰约束下我国工业经济增长与节能减排协同推进的实证分析。工业增长和节能减排作为我国经济低碳转型的重要推力和目标函数,在较长的周期内能否实现“珠联璧合”的双赢效果?空间异质环境下二者协同发展的省级差异又如何?本章在碳排放双控目标约束下通过情景预测和路径模拟,综合评估中国工业绿色发展水平,并将区域异质特征纳入分析框架。

第九章:典型性省份工业行业经济增长与碳排放脱钩和耦合的实证分析——基于山东省数据。本章运用 Tapio 脱钩模型对山东省 2001—2020 年工业行业经济增长与碳排放的脱钩状态进行了分析,并与山东省总体经济增长和碳排放的脱钩状态进行比较分析。运用 LMDI 分解法对碳排放的几个影响因素进行分析,对各因素的具体影响效应进行深层次挖掘,并运用脱钩努力模型分别对山东省工业行业各个时期的脱钩努力值、脱钩努力指数、脱钩努力状态进行比较,找出推动行业脱钩的具体因素。然后,本章设计了基准情景、节能情景及强化节能情景三种情景,并运用 IPAT 情景预测模型对各种情景进行参数预测,分别基于三种情景对 2023—2030 年山东省工业行业碳排放量以及脱钩状态进行预测。同时,对山东省工业"低碳经济—能源消费—生态环境"系统进行系统耦合度和耦合协调度分析,发现工业三个系统实现良性发展,耦合度相当,耦合协调度已经达到一个相对较高的水平。

第十章:区域视角下提高我国能源环境效率与应对能源回弹的政策建议。通过前文的理论研究与实证分析结果,根据我国降低碳排放的任务要求,综合考虑各地区的经济发展水平差异和能源利用效率差异,提出"双碳"目标约束下能源利用与经济可持续发展的政策建议,从政府和市场角度对我国产业结构优化与产业区域转移、能源消费结构调整与清洁能源开发利用提出相关建议,确保我国在经济稳定发展的过程中不断提高能源利用效率,实现能源、环境与经济的良好互动。

第十一章:研究结论与研究展望。

第四节　创新点

本书可能的创新点包括研究方法和研究视角两个方面。

一、研究方法的创新点

第一,本书运用 Global Malmquist-Luenberger 生产率指数模型测算全要素能源环境效率。传统的基于方向距离函数的 Malmquist-Luenberger 生产率指数,虽然能够测算出包含非期望产出的全要素能源环境效率值,但由于 Malmquist-Luenberger 指数本身是一种几何平均值,它不是循环的,在测量跨周期方向距离函数时,可能会面临线性规划不可行的问题。因此,本书参考其他学者的研究结论,将全域生产可能集加入原有的基于方向距离函数的 Malmquist-Luenberger 生产率指数中,构造出 Global Malmquist-Lu-enberger 生产率指数模型,运用该指数模型测算全要素能源环境效率不会出现无可行解的情况。

第二,本书在全要素能源环境效率评价体系中增加了技术投入要素和二氧化碳非期望产出。在测算能源环境效率时,本书的投入项包括资本、劳动、能源和技术四项,而多数文献只考虑前三项,并没有将技术考虑在内;同时,本书还考虑了非期望产出二氧化碳,这样计算的全要素能源环境效率值更加符合预期。

第三,本书运用泰尔指数对区域能源环境效率差异进行定量测算。将传统的泰尔指数与本书所构造的 Global Malmquist-Luenberger 生产率指数模型进行结合,测算出我国八大经济区域的总体能源环境效率差异、区域间能源环境效率差异和区域内能源环境效率差异大小,并进行定量分析,此测算方法比大多数文献中的定性分析更有说服力。

第四,本书实证的过程通过在传统 EKC 模型基础上增加控制变量方式,实现解释变量与被解释变量之间良好的拟合效果,确保参数估计结果的显著性和有效性。样本期内实证分析的回归结果显示,我国目前总体的能源利用效率呈现上升趋势,能源利用与经济增长、环境保护的前景较为乐观;我国总体能源环境效率与经济增长呈现"N"形且正处于第二个拐点后的上升阶段,经济增长的规模效应的影响已经不再明显,制度环境与管理水平、体制机制等要素对能源环境效率的作用在不断增加。

二、研究视角的创新点

目前,我国关于区域能源环境效率的研究主要是以东部、中部和西部三大地带为研究对象,这种区域划分方式较为粗糙,受不可控因素影响所导致的能源环境效率区域内和区域间差异较大,研究的结果并不是很准确。因此,本书按照新的区域划分方式,将我国大陆划分为八个经济区域,具体包括东部沿海地区、南部沿海地区、北部沿海地区、东北地区、西北地区、西南地区、黄河中游地区以及长江中游地区。以这八个经济区域为研究对象,可以更加科学合理地分析区域能源环境效率的差异。

第一章 能源环境效率与能源回弹的相关理论与文献综述

能源环境效率和能源回弹效应被广泛应用于能源问题研究,既有研究围绕相关内容进行了充分的讨论。本章首先对能源环境效率的基本内涵与测算方法进行规范性阐释,并针对能源环境效率的区域差异及其影响因素予以讨论。其次,通过对能源回弹效应的界定及其形成机制分析,对能源回弹效应的相关研究进行归纳总结,并基于经济增长与碳排放的关系引入"脱钩"的概念,进而介绍了"脱钩"的基本内涵与测算方法。

第一节 能源环境效率的内涵与测算方法

在 1979 年第二次能源危机发生之后,国内外关于能源环境效率的研究便开始兴起。能源环境效率的内涵在于能源的消耗所提供的产出能够维护甚至推动经济的发展,并且带来环境的改善,使整个社会向更高的水平迈进。Patterson (1996)认为没有一个明确的标准衡量能源环境效率,必须依靠一系列的指标来量化,因而它是一个相对概念。这种指标主要有四种,分别是热力学指标、物理—热力学混合指标、经济—热力学混合指标、经济指标。王庆一(2001)认为,能源环境效率指标包括能源经济效率和能源物理效率,其中前者是指单位产值能耗,后者则包括单位产品、单位面积和单位人均能耗。魏一鸣和廖华(2010)认为,能源服务产出量与能源投入量的比值可以用来度量能源环境效率,并深入分析了能源物理效率、能源价值效率、能源宏观效率、能源实物效率、能源要素配置效率、能源利用效率和能源经济效率等七种常用的能效测度指标。到目前为止，关于能源环境效率的测度指标的选取仍没有达成共识，各种不同的能源环境效率测算指标都有不足之处，导致不同学者采用不同的能源环境效率测度指标测算能源环境效率值会得出不同结果，如王庆一（2005）采用单位产值能耗测度的2002年中国能源环境效率值仅比日本高15％，而采用物理能源环境效率测度的2002年中国能源环境效率值却比日本低10％左右。

近年来，国内外学者关于能源环境效率的测算方法主要有两种——单要素能源环境效率和全要素能源环境效率。这两种测度方法是按照投入和产出的数量进行的划分。

一、单要素能源环境效率

单要素能源环境效率是指只有一种投入和一种产出，其中投入就是指能源投入，产出一般是由国内生产总值（GDP）代替。常用的指标有单位GDP能耗，即能源强度，其数值上就等于能源消耗总量与国内生产总值的比值，比值越小，说明能源环境效率越高，比值越大，说明能源环境效率越低。Miketa和Mulder（2005）利用能源强度的定义，测算56个发达国家和发展中国家1971—1995年期间10个制造业部门的能源生产率，并对能源生产率的差异性和收敛性进行研究。史丹（2006）利用单要素能源环境效率法测算了1990—2004年我国29个省份的能源环境效率值并分析了各省份的节能潜力。胡玉敏和杜纲（2009）运用空间计量模型对1986—2006年我国27个省份能源强度的空间趋同性进行分析，发现研究期内各省份能源强度有明显趋同现象。Zheng等（2011）分析了增加出口对工业能源环境效率的影响，认为增加出口在降低能源强度上是不可持续的，较大的出口会显著增加工业部门的能源强度。Li等（2013）以中国三大区域为研究对象，讨论了经济结构、能源消费结构和技术进步对中国能源强度的影响。Li和Lin（2014）以能源强度为研究对象，分析了产业结构对中国能源强度的非线性影响。

二、全要素能源环境效率

虽然单要素能源环境效率的计算比较简单，但是该指标忽略了其他投入要素在生产中的作用，高估了能源要素在生产中的贡献度。而全要素能源环境效率指标有多个投入和产出要素，常见的投入要素有劳动、资本、能源,常见的产出要素有 GDP、二氧化碳、二氧化硫等,它考虑了各种不同要素之间的相互替代关系,因此全要素能源环境效率得到了更多学者的青睐。Hu 和 Wang(2005)首先利用全要素能源环境效率指标测算了 1995—2002年我国 29 个行政区域的能源环境效率并分析各地区能源环境效率差异。师博和沈坤荣(2008)运用规模报酬不变的超效率 DEA 模型测算了 1995—2005 年我国省级全要素能源环境效率,发现东部地区能源环境效率最高且较平稳,中西部地区展现出螺旋形演变态势。王霄和屈小娥(2010)运用DEA-Malmquist 生产率指数法测算了制造业 28 个行业全要素能源环境效率,分析得出中国制造业能效整体呈上升趋势、行业间有显著差异的结论。Wang 等(2014)利用数据包络分析方法,从静态和动态两个角度分析了2001—2020 年我国全要素能源环境效率的变化,发现样本期内 2005 年之前我国能源环境效率呈下降趋势,2005 年之后呈上升趋势。李峰和何伦志(2017)在碳排放约束下,基于松弛变量超效率模型对我国不同地区能源环境效率进行分析,得出我国东部地区全要素能源环境效率最高、中部地区次之、西部地区最低的结论。

三、考虑环境污染物的能源环境效率研究

随着能源环境效率研究的兴起,越来越多的学者在前人研究的基础上进行补充和完善。在全要素生产率的框架下,研究中的投入项一般包含了劳动、资本、能源等,但是产出项一般只有一种,如国内生产总值等,忽略了能源消耗所产生的污染物(非期望产出),如二氧化碳、二氧化硫等。虽然污染物产出是生产者不期望的,但是这种产出仍然需要消耗一定的投入(成本),换句话说,并不是所有的投入均变成了生产者所期望的产出(如国内生产总值),在计算能源环境效率时,忽略污染物产出会导致计算的能源环境效率偏高。传统的方法无法有效地测算考虑环境污染物的能源环境效率,因此学者们在先前的研究中拓展了许多新的方法。Shi 等(2010)利用 DEA模型,在考虑环境污染物的约束下测算并分析了 2000—2006 年我国 28 个行政区域的工业能源环境效率及节能潜力。魏楚等(2010)利用 2005—2007 年我国 30 个省份的投入产出数据,将污染物产出二氧化硫纳入全要素生产率框架中,估计了各地区能源环境效率和节能减排潜力。Wang 等(2013)在考虑非期望产出的情况下运用 RAM 非参数方法评估了 2006—2010 年中国能源和环境效率,发现研究期内中国年均能源环境效率略有下降,环境效率略

有上升。王兆华和丰超(2015)在二氧化碳排放的约束下基于四阶段全域DEA和方向距离函数,测算了2003—2010年我国区域能源环境效率并对其影响因素进行分析。杨先明等(2016)以构建的环境污染强度指标作为非期望产出,利用Meta-frontier GML指数方法测算了我国2004—2013年省份之间的能源环境效率。

第二节　能源环境效率区域差异及影响因素研究

区域是人们经常研究的对象,区域的能源经济发展也一直是各级政府工作的"重中之重"。我国各地区能源禀赋、产业结构、技术水平等差异较大,导致各地区能源环境效率存在较大差异。从"十二五"规划开始,就有大量学者对我国区域能源利用水平进行研究。Lee等(2011)在全要素生产率框架下,利用数据包络分析法计算了2000—2003年我国27个地区电力、煤炭和汽油的使用效率,以区域为研究对象,得出了我国东部地区的这三种能源利用效率最有效的结论。Wang等(2013)在考虑非期望产出的情况下,运用窗口DEA测算了2000—2008年我国省级行政区域的能源环境效率和环境效率,研究结果表明东部地区两种效率最高,其次是中部地区,而西部地区效率最差。孟晓等(2013)基于超效率DEA模型对长三角和珠三角的工业能源环境效率及差异进行分析,研究表明2003—2010年"双三角"地区的工业能源环境效率不高,珠三角地区的能源环境效率略低于长三角地区。孟庆春等(2016)将导致灰霾环境的SO_2、NO_x、CO_2和烟(粉)尘等多个污染物纳入NH-DEA模型中,对我国三大区域能源环境效率进行测算,发现2010—2013年我国东部地区平均能源环境效率最高,中部地区次之、西部地区最差。Lin和Zhang(2017)在不良产出和区域异质性约束下,基于MSBM方法测算了1995—2013年我国服务业的能源环境效率,分析结果表明,东部地区效率最高且只有东部地区效率呈上升趋势。范秋芳和王丽洋(2018)在考虑环境污染物的情况下,运用规模报酬可变的DEA和Malmquist生产率指数,对我国四大区域的全要素能源环境效率进行测算和比较,发现四大区域中能源环境效率由高至低依次为东部沿海地区、东北地区、中部地区和西部地区。

在资源枯竭和生态环境恶化的双重压力下,国家从"十一五"规划开始明确提出单位 GDP 能耗下降的目标。虽然我国每五年的规划目标都能实现,但是经济快速发展带来的能源消耗总量和污染物排放量仍在迅猛增加,因此,必须科学地对我国能源环境效率的影响因素进行分析,找到关键性的影响因素,并据此提出合理的政策,只有对症下药,才能从根本上解决问题。屈小娥(2009)利用 Tobit 模型对影响全国及东部、中部和西部能源环境效率的因素进行计量分析,实证表明,能源价格、技术进步和结构调整与全国及三大地区的能效呈显著正相关,工业化水平对全国、东部和西部地区有正影响,对中部地区有负影响。Chang 和 Hu(2010)运用基于全要素能源生产率增长率和 Luenberger 指数的全因子框架,分析了中国区域能源生产率的变化,发现电力所占份额的增加和第二产业占 GDP 比重的下降将提高地区能源环境效率。孙广生等(2012)通过对我国各地区传统能源环境效率的分解与分析,发现样本期内技术效率改善、投入替代变化和技术进步对能源环境效率改善的贡献率依次增大,投入替代变化差异是影响地区间能源环境效率差异的首要因素。Li 和 Shi(2014)通过构建 Tobit 回归模型,对 2001—2010 年中国各工业部门的能源环境效率的影响因素进行分析,得出产业集中度、产业产权结构和政府规制对能效有显著影响的结论。Roy 和 Yasar 等(2015)通过构建基于差分方法的工具变量模型,采用印度尼西亚的企业级数据检验了出口对企业能源环境效率的影响,发现出口有利于减少企业燃料的使用(相当于电力),对能源环境效率的提升有益。杨先明等(2016)采用面板固定效应模型分析了多因素对能源环境效率的影响,技术"赶超效应""创新效应""领先效应"、产业结构升级、能源价格和对外开放程度与能源环境效率呈正相关,环境规制强度与能源环境效率呈负相关。王景波等(2017)利用 GMM 动态回归模型对影响山东省工业行业能源环境效率的因素进行实证分析,发现能源环境效率结构和产业结构对能源环境效率有抑制作用,经济发展水平、技术创新和开放程度对能源环境效率提升作用很小。Nuo 和 Yong(2018)运用面板回归模型探讨了多种因素对工业子行业能源环境效率的影响,结果表明,在整个行业中,技术进步、能源消费结构、企业规模是决定因素,市场化程度和劳动生产率对能源环境效率没有显著影响。师博和任保平(2019)采用系统广义矩阵法(SYS-GMM)和最小二乘法计量分析了产业聚集对能源环境效率的影响。研究表明,产业聚集理论有利于节能减排,但政府有偏的干预会抑制产业集聚释放节能减排潜力。

第三节 能源回弹效应研究

一、能源回弹效应的界定

回弹效应的存在性、大小和机制问题是能源经济学长期争论的热点问题。回弹效应思想最早出现在 1865 年杰文斯提出的关于苏格兰煤炭问题的研讨中。Khazzom(1980)分析认为,技术进步一方面能够促使能源环境效率提高并节约能源使用量,另一方面,技术进步使得单位能源消耗的成本下降,产生对能源的新需求,最终推动经济的快速发展,并正式提出"回弹效应"的概念。然而,针对回弹效应的存在性问题,学者们并未得出一致的结论。关于"回弹效应"的定义,Sorrell 和 Dimitropoulos(2008)在总结以往研究的基础上,着眼于单一能源服务回弹效应的定义、概念和实证检验中不同假设的可能结果等问题。Turner 和 Hanley(2011)探索了能源环境效率和环境污染之间的关系,研究发现,能源价格的需求弹性以及影响它的各种因素是决定环境库兹涅茨曲线的重点。Safarzynska(2012)将研究视角拓展得更为宏观,认为意外的二阶效应的存在,导致能源环境效率提升对能源节约的收益低于预期,从而产生了能源回弹效应。宋旭光等(2011)针对回弹效应的强度大小进行了分类,其中强回弹效应是指节约的大部分能源均被新生的能源需求"挤出",提高能源环境效率的相关措施使得能源消耗进一步增加,并未达到节约能源的目的;弱回弹效应则指节约的能源很少或者并未由能源环境效率的提高带来的能源需求而遭"挤出",提高能源环境效率的举措仍然有效。查冬兰(2012)、邵帅(2013)、薛丹(2014)等均以回弹效应作用对象的不同视角对回弹效应进行重新定义。

二、能源回弹效应的确定

桑德兹(1992)首次研究了能源回弹现象,基于新古典经济增长理论模型,在理论层面证明了存在回弹效应。Bentzen(2004)以美国制造业为研究样本,基于超对数成本函数估算了其能源回弹效应,结果表明回弹效应的存在抵消了 24% 的能源环境效率的提高。Wang 等(2012)对中国香港客运领域的直接回弹效应进行测算,发现近年来香港客运直接回弹效应呈现下降趋势,1993—2009 年的直接回弹效应值为 45％,2002—2009 年的回弹效应会缩小为 35％。Matiaske 等(2012)以德国的机动车燃油效率的回弹效应为研究对象,实证结果表明,其回弹效应以一种非线性关系存在,这种非线性的回弹效应会因环保意识的变化而改变。能源环境效率改进在之前大多数的研究中都被假定为外生变量,并且未将可能削弱回弹效应的资本成本因素考虑在内。Mizobuchi 对 Brannlund 等(2007)的研究进行了扩展,在实证研究中将资本成本因素纳入模型,将资本成因明确地界定为额外的资本成本,并且对模型进行调整以适应迭代层序。Mizobuchi(2008)使用日本家庭数据检验回弹效应的实证研究发现,考虑额外资本成本的回弹效应大约为27％,而不考虑这一因素得到的回弹效应值更高,日本家庭的回弹效应值将扩大 115％。其原因在于 Brannlund 等(2007)采用一次迭代,而不是可能降低结果偏误的多次迭代处理方法。Saunders(2013)采用美国经济分析局(US Bureau of Economic Analysis,BEA)投入产出账户,比较分析了 1987年和 2002 年的能源消费情况,证明回弹效应的存在及重要性。美国最低收入人群在 1987 年的平均收入水平高于 2002 年的平均收入水平,最低收入人群的能源消费在 1987—2002 年仍然在增加,在此期间能源环境效率却提高了,因而收入水平的提高不是能源消费量增加的罪魁祸首,回弹效应则是根本原因。在能源回弹效应的大小及其重要性的问题上,现有研究并未得出一致的观点。一部分学者认为,在大多数情况下,能源成本只占很小的一部分,因而回弹效应的重要性十分有限,能源服务的需求弹性较小;而另一部分学者则着重强调回弹效应的重要性,甚至认为因能源环境效率提高所节约的能源消费量在一定程度上会完全被回弹效应抵消。

三、能源回弹效应的机制

Bentzen(2004)研究了回弹效应产生的机制,认为要素价格弹性和替代效应是与回弹效应联系最为密切的两个重要因素。Greening 等(2000)将能源回弹效应分为直接回弹、间接回弹和总体回弹三类。直接回弹指的是在提高能源环境效率后,产业内部的能耗强度出现有限下降;间接回弹指的是产出的增加导致产业的能源消耗量增加;总体回弹指的是在综合作用的影响下,总体的能源消耗量只出现有限的下降。能源服务价格的降低可能引起一系列的价格调整,其内在原因在于能源服务价格可以影响一系列中间产品与最终产品的价格。此外,能源服务价格的降低有可能使得能源强度不同的部门面临同样的成本,从而引起整个经济体对能源需求量的增加。

四、能源回弹效应的国内研究

关于回弹效应,国内从理论和实证两个方面取得了一些值得借鉴的研究成果。周勇和林源源(2007)构造了一个仅包含产出、资本、劳动和能源投入的替代模型,利用中国1979—2004年能源价格数据,基于岭回归方法估算了技术进步所导致的回弹效应。结果表明中国总体的能源回弹效应为40.9%。查冬兰和周德群(2010)运用CGE模型发现,石油在七部门中的加权平均能源环境效率的回弹效应为33.06%,煤炭的回弹效应为32.17%,电力的回弹效应为32.28%。整体而言,中国存在着显著的能源回弹效应。王群伟和周德群(2008)运用其构建的回弹效应改进模型,基于技术进步对能源环境效率的影响,测算我国宏观能源回弹效应。结果显示,回弹效应显示出下降的趋势,在不同时间段的波动幅度存在较大差异。宣烨和周绍东(2011)通过建立企业技术创新策略的斯塔克伯格模型和非参数统计方法,研究发现原始创新和二次创新的能源回弹效应大有不同。对中国企业而言,技术激励中的原始创新产生的能源回弹效应较为明显。可计算一般均衡模型、多元回归计量模型等方法常被国内许多学者用来证明我国存在能源回弹效应。高辉等(2013)研究结果表明,我国2001—2011年的能源回弹效应系数均出现了所谓的"逆反回弹效应",且与能源消费回弹量变化趋势相同。谢海棠、张旭昆(2013)将能源技术函数加入三要素生产函数,估算出我国1978—2010年能源短期回弹效应和长期回弹效应分别为31.8%、34.24%。李春发等(2014)估算了天津市的全要素能源环境效率,在分析天津市1997—2011年的能源消费现状基础上,估算出天津市的能源回弹效应为84.9%。王兆华等(2014)基于我国30个省城镇居民用电的面板数据,实证分析发现我国城镇居民用电短期回弹效应和长期回弹效应分别为47%和71%,存在明显的部分回弹效应。而李强等(2014)研究结果表明,我国基于技术进步的能源回弹效应为9%—75%,波动范围较大。傅佳屏等(2014)以上海地区的产业为研究样本,实证研究发现回弹效应有利于炼焦业、化学工业和纺织服装及皮革产品制造业的发展,不利于采矿业和机械设备制造业的发展;总体而言,能源环境效率的提高促进了第一产业的发展,轻微不利于第二和第三产业发展。

虽然近年来我国学者已经对能源消费回弹效应有了较为充分的研究,

但一方面,仍然存在文献涉及的研究对象狭窄的问题,主要是对宏观经济层面或省级、特定区域的研究,或者是对某一特定产业和部门的研究,研究广度略微欠缺;另一方面,各个学者并未得出一致的结论,虽然均认可回弹效应的存在,但就回弹效应的大小,其实证分析之间有一定的差异,在回弹效应的测算方法上也存在或多或少的分歧。

第四节　经济增长与碳排放关系的研究

随着全球气候持续变暖,尤其以二氧化碳为主的温室气体排放量的不断增加,给全球环境和经济发展带来巨大压力,因此各国纷纷开始研究经济增长与碳排放之间的关系,以期为制定碳排放控制政策提供参考依据。

Grossman 和 Krueger(1991)首先发现发达国家在追求经济增长、收入提高的同时必然会带来环境的恶化,美国和墨西哥贸易自由化就是很好的例子,但经济增长到一定程度之后环境质量会有所改善,即经济增长和环境污染之间会呈现倒"U"形曲线关系。1996 年,Panayotou 首次将库兹涅茨提出的倒"U"形曲线称为"环境库兹涅茨曲线"(EKC)。此后,学者们纷纷加入对环境质量和人均收入关系的讨论中,丰富和发展了这一研究内容和结果。Heil(2001)、Cole(2004)和 Galeotti(2006)等通过跨国家和跨时间的数据估计了碳排放和 GDP 之间的历史关系,二者之间呈倒"U"形曲线关系。Friedl(2003)和 Martinez-Zarzoso(2004)等通过研究发现 GDP 和二氧化碳排放量之间呈现"N"形关系,即存在立方关系。Azomahou(2005)和 Wagner(2008)等人考虑到在环境库兹涅茨曲线(EKC)文献中忽略的几个主要计量经济学问题,研究发现人均二氧化碳排放量和人均 GDP 之间的线性关系并不符合倒"U"形曲线。

进入 21 世纪,国内学者也开始研究经济增长与碳排放的关系。许广月、宋德勇(2010)等运用省级面板数据研究发现,除西部地区外,我国中东部地区人均碳排放符合环境库兹涅茨曲线。刘国平、诸大建(2011)等研究发现经济增长是二氧化碳排放量的单向格兰杰原因,二氧化碳排放量和福利互为因果关系。魏下海、余玲铮(2011)基于我国 29 个省份的数据,研究发现我国人均二氧化碳排放量与人均 GDP 之间存在明显的倒"U"形曲线关系。何小钢、张耀辉(2012)等基于改进的环境负荷模型研究我国工业的库兹涅茨曲线,结果表明,我国工业库兹涅茨曲线呈现"N"形而不是倒"U"形关系。余东华、张明志(2016)等运用门限回归法对 82 个国家的二氧化碳排放量数据进行研究,以化解碳排放库兹涅茨曲线研究中的"异质性难题",验证了"污染天堂假说"的存在性,为新时期各国实施节能减排措施提供了强有力的依据。

国外学者对于"脱钩"的研究文献也很多,而且国家、地区以及产业层面的研究全都有涉及。在国家层面,Huttler(1999)等基于奥地利 1960—1996 年的物资流动账户,采用计量分析法分析了物质投入与经济增长的脱钩关系;Juknys(2003)基于脱钩理论对立陶宛不同经济部门生产变化、自然资源利用和环境污染的趋势展开分析,提出必须注意区分双重脱钩,即自然资源利用和经济增长脱钩(初级脱钩)与环境污染和自然资源利用的脱钩(二次脱钩);Brown-Santirso(2006)等研究了新西兰消费者能源需求与经济增长(以 GDP 衡量)之间的脱钩关系;Kaneko(2011)等分析了 2004—2009 年巴西经济增长与碳排放之间的脱钩情况,并用 LMDI 分解模型分析出碳强度效应和能源结构效应是巴西减排的主要决定因素。在地区层面,Graham(2006)等对苏格兰地区交通部门的碳脱钩特征进行分析。在产业层面,Mandaraka(2007)等对 14 个欧盟国家工业行业经济增长与碳排放的脱钩进展进行分解分析,并对这些国家的脱钩努力程度进行评价。

国内学者对我国能源消耗、碳排放与经济发展的脱钩关系的研究也涵盖了国家、地区和产业层面。在国家层面,王鹤鸣、岳强、陆钟武(2011)采用总物流分析法分析了 1998—2008 年我国能源消耗与经济增长的脱钩情况;张成、蔡万焕、于同申(2013)基于我国 29 个省份的面板数据,对我国人均GDP 和碳排放的脱钩状态进行分析,结果表明二者呈倒"U"形关系;张文彬、李国平(2015)运用脱钩指数对我国 2000—2012 年经济增长和可持续性的动态演化轨迹进行了分析。在地区层面,盖美、胡杭爱、柯丽娜(2013)分析了 2000—2009 年长江三角洲地区环境压力与经济增长的相对脱钩状态的发展历程;盖美等(2014)以辽宁沿海经济带为研究对象,分析了其能源消耗碳排放与经济增长的脱钩关系,并对碳排放的影响因素进行深层挖掘;齐绍洲等(2015)基于 Tapio 脱钩模型对我国中部六省经济增长与碳排放的关系进行研究,发现二者存在协整关系且存在环境库兹涅茨曲线。在产业层面,王凯等(2014)、王君华和李霞(2015)、周银香等(2016)利用脱钩理论分别对我国旅游、工业和交通业产值增长与碳排放的脱钩关系进行了研究。

通过对大量文献的阅读发现,国外关于能源环境效率的研究开始得更早,采用的研究方法也比较先进和科学,而国内的研究是从 2000 年以后兴起的,研究方法多是借鉴国外的研究成果。虽然近年来国内关于能源环境效率的研究成果不断增加,研究方法也不断更新,但仍然存在不足。

(1)在研究对象上,较多的研究集中在国家宏观层面和省级、行业中观层面上,对于区域的研究成果比较少。即使有部分研究是在区域层面,也多是简单地以东部、中部和西部为研究对象。由于我国幅员辽阔、地区资源禀赋差异较大,即使是在东部地区,其内部的省份之间也存在很多差异,因此缺乏对更小区域的研究。

(2)在研究方法上,目前关于单要素能源环境效率的测算多是采用能源强度指标,但由于该指标的局限性,近年来国内外学者在研究中使用较少。全要素能源环境效率指标目前使用较多,该指标的测算需要运用到数据包络分析方法,常见的分析方法有数据包络分析中的 SBM 模型、序列 DEA 模型、超效率 DEA 模型、Malmquist 生产率指数、方向距离函数等。虽然关于能源环境效率的测算方法已经在很大程度上得到了改进,但是仍然有继续完善的空间。

(3)在研究内容上,虽然关于我国能源环境效率测算的研究比较成熟,但是关于能源环境效率区域中观层面的研究还不够深入,很多研究只是在分析省级能源环境效率时提到一些区域现状,因此关于区域能源环境效率的研究缺乏系统性。

基于以上关于能源环境效率内涵、单要素能源环境效率和全要素能源环境效率测算研究、考虑环境污染物的能源环境效率研究、能源环境效率区域差异研究、能源环境效率影响因素研究以及相关评述,本书在当前的研究基础上进行了以下扩展。

(1)在研究对象上,本书基于区域划分的九大原则,将我国划分为东北地区、北部沿海地区、南部沿海地区、东部沿海地区、长江中游地区、黄河中游地区、西南地区、西北地区八大区域,以这八个区域为研究对象,更加合理地分析区域能源环境效率的差异。

(2)在研究方法上,本书在测算能源环境效率时选取全要素能源环境效率指标,参考部分学者的研究结论,将全域生产可能集加入基于方向距离函数的 Malmquist-Luenberger 生产率指数中,构造出 Global Malmquist-Luenberger 生产率指数模型,并在模型中新增了技术投入要素和二氧化碳非期望产出要素。运用该模型测算的全要素能源环境效率不仅可以避免传统的基于方向距离函数和 Malmquist-Luenberger 生产率指数出现无可行解的情况,而且测算的全要素能源环境效率值更加符合预期。

（3）在研究内容上,本书将在区域视角下对我国全要素能源环境效率展开系统论述,论述内容主要包括:从国家层面和省级层面对样本期内全要素能源环境效率变化进行分析;从区域层面对样本期内全要素能源环境效率变化进行分析,并通过构建泰尔指数模型对八个经济区域全要素能源环境效率的差异进行定量分析;通过构建面板数据的固定效应模型,对区域能源环境效率的影响因素进行实证分析。

第五节　能源回弹、脱钩的概念与计算方法

一、能源回弹效应的定义、分类与影响

威廉·斯坦利·杰文斯(William Stanley Jevons)在 1865 年的研究中首次提出能源回弹效应。随着对回弹效应的进一步研究,经济界学者们对能源回弹效应形成了更为清晰明确的定义:能源回弹效应(Rebound effect,RE)是指能源环境效率的提高最终不会引致期望的能源消费减少量,即在提高能源环境效率时,能源服务成本越低,导致有效价格越低,可以促使生产者/消费者消耗更多能源。而且,某种能源服务价格的下降也可能导致其他商品/服务的消费,进一步影响整个经济的能源消耗。因此,我们希望通过提高能效来减少的能源消耗可能会被部分或全部抵消。

在以往的文献中,大部分学者会将回弹效应分为以下三类。

（一）直接回弹效应(Direct rebound effect)

直接回弹,即行业内能源消费强度在提高能效后下降幅度有限。

（二）间接回弹效应(Indirect rebound effect)

与直接回弹效应不同的是,间接回弹效应不限于特定的能源服务/部门,而是指某一能源服务/部门的能源环境效率提高对其他经济部门能源消费的影响。

（三）宏观回弹效应(Economy-wide effect)

宏观回弹效应代表了提高能源环境效率后对整个经济的能源消耗的影

响。它是直接回弹效应和间接回弹效应的总和。

根据能源回弹效应的概念,可以清楚地理解,能源回弹效应会对能源环境效率和能源消耗产生影响,而能源回弹效应的大小决定了其影响的程度。如图 1-1 所示,该图更清楚、准确地解释了能源的回弹效应。

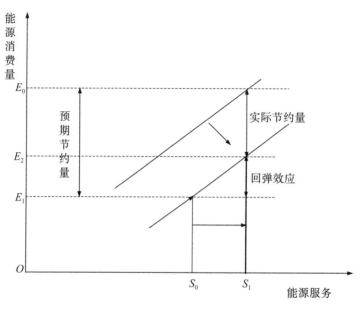

图 1-1　能源回弹效应

图 1-1 中,假设某种特定能源服务的不同能源环境效率分别用 ε_0 和 ε_1 表示($\varepsilon_0 < \varepsilon_1$),即是图 1-1 中两条直线斜率的倒数。$S_0$ 表示能源服务的需求量,且保持不变,要想使能源环境效率从 ε_0 增加到 ε_1,则能源消费量要从 E_0 减少到 E_1。然而,提高能源环境效率的同时,会使得单位能源服务有效成本降低,进而导致能源服务的有效价格的降低,最终使能源服务的需求量从 S_0 提高到 S_1。所以,$E_0 - E_2$ 是提高能源环境效率所能带来的能源消费实际减少量,而不是 $E_0 - E_1$。回弹效应的出现,抵消了部分潜在能源消费节省量($E_2 - E_1$)。

根据 Khazzom-Brookes 假说,能源回弹效应可用下式来表示:

$$\omega_\varepsilon(E) = \omega_\varepsilon(S) - 1 \tag{1-1}$$

其中,能源消费和能源服务的效率弹性分别用 $\omega_\varepsilon(E)$ 和 $\omega_\varepsilon(S)$ 表示,而 $\omega_\varepsilon(S)$ 可当作能源回弹效应的一种直接测算方式。

根据公式(1-1)可以得到,当 $\omega_\varepsilon(E) = -1$ 时,即代表能源环境效率的提高伴随着能源消费量的下降,那么回弹效应(RE)为0。而当$-1<\omega_\varepsilon(E)<0$时,$0<RE<1$。此时,存在回弹效应,且其值在0—1之间,即能源环境效率的提高使得能源消费的预期降低量被部分抵消。当$\omega_\varepsilon(E)=0$时,$RE=1$,表示能源环境效率的变化并未对能源消费量产生任何影响。当$\omega_\varepsilon(E)>0$时,$RE>1$,表示提高能源环境效率不仅没有使能源消费量减少,反而使得能源消费量提高。这种情况也被称为"逆反效应"(Backfire effect)。

由此可见,潜在的回弹效应的存在会直接或间接地影响旨在提高能源环境效率的措施的实施效果。然而,从全面发展的角度来看,回弹效应并不仅仅会带来负面影响。比如,回弹效应使得能源环境效率的提高并未带来预期的能源消耗量的降低,但从能源消费与经济增长的关系的角度来看,经济发展由能源消费直接提供物质基础,所以能源消费是社会发展的必然基础。

二、能源回弹效应的测算方法

能源回弹效应反映的是因技术进步而产生的新生的能源需求量对预期能源节约量的"占据"。因此,能源回弹效应可以表示为:

$$RE=\frac{\Delta E^+}{\Delta E^-}$$

其中,ΔE^+为新增能源的需求量,ΔE^-为能源的节约量。

当$RE>1$时,即新生的能源需求量不仅完全抵消了能源的节约量,而且超过了能源节约量;当$RE=1$时,即新生的能源需求量完全抵消了能源的节约量;当$RE<1$时,即新生的能源需求量部分抵消了能源的节约量;当$RE=0$时,无新生能源需求量,即能源得到全部节约。

衡量能源环境效率的主要指标之一是能源强度。技术进步通过提高能源环境效率,从而减少了能源强度,并伴随着能源节约量ΔE^-的产生。假设经济产出为Y,能源投入为E,则能源强度为:

$$EI=\frac{E}{Y} \tag{1-2}$$

由于能源强度降低引起的能源节约量为:

$$\Delta E^-=Y_{t+1}(EI_t-EI_{t+1}) \tag{1-3}$$

由于经济增长引起的能源需求增加量为:

$$\Delta E^+=\delta_{t+1}(Y_{t+1}-Y_t)EI_{t+1} \tag{1-4}$$

其中,δ为技术进步对经济增长的贡献率。Y和E均能根据统计数据得到,δ可以运用一定的方法得到。

首先,技术进步对经济增长的贡献率需要用全要素生产率的增长率来衡量。

第 $t+1$ 年的全要素生产率(TFP)的增长率 $GTFP$ 为:

$$GTFP = \frac{TFP_{t+1} - TFP_t}{TFP_t} \tag{1-5}$$

第 $t+1$ 年的经济增长率 GY 为:

$$GY = \frac{Y_{t+1} - Y_t}{Y_t} \times 100\% \tag{1-6}$$

则第 $t+1$ 年技术进步对经济增长的贡献率 δ 表示为:

$$\delta = \frac{GTFP}{GY} \times 100\% \tag{1-7}$$

其次,通过 C-D 生产函数来计算技术进步对经济增长的贡献率 δ。测算技术进步对经济增长的促进作用需要用 C-D 生产函数。假设经济中投入要素为资本(K)、劳动力(L)、能源(E),要素之间可以互相代替,则 C-D 生产函数为:

$$Y = AK^\alpha L^\beta E^\gamma e^\varepsilon \tag{1-8}$$

其中,Y 代表经济产出,A 表示初始的技术水平,α、β、γ 表示资本、劳动力和能源的产出弹性。式(1-8)两边取对数有:

$$lnY = lnA + \alpha lnK + \beta lnL + \gamma lnE + \varepsilon \tag{1-9}$$

根据索洛余值(全要素生产率),有:

$$g_Y = g_A + \alpha g_K + \beta g_L + \gamma g_E \tag{1-10}$$

其中,g_Y 表示经济产出相对于上一年的增长率,g_A、g_K、g_L、g_E 分别表示技术进步、资本投入、劳动力投入、能源投入相对于上一年的增长率。则技术进步对经济增长的贡献率为:

$$\delta = \frac{g_A}{g_E} \tag{1-11}$$

综上,可以测算出能源回弹效应为:

$$RE = \frac{\Delta E^+}{\Delta E^-} \tag{1-12}$$

运用两种方法测算回弹效应,本质上,均需要先计算全要素能源环境效率,并以此为基础进行能源回弹效应的测算。

三、能源回弹效应的影响因素

从根本上来看,能源回弹效应是提高能源环境效率所引起的生产者或消费者行为上的变化。实际上,影响回弹效应强弱程度的主要因素包括以下三点。

(一)经济发展程度/居民收入水平

有学者认为,经济发展的进步和居民收入水平的提高会削弱消费部门的弹性效应。根据上述结论,发展中国家的能源回弹效应大于发达国家的能源回弹效应。因为,在经济发展水平和居民收入达到一定水平后,消费者的基本物质需求也达到饱和。因此,当能源服务的有效价格因能源环境效率的提高而下降时,居民对价格的下降并不敏感,能源的回弹效应相对较小。对于发展中国家来说,大部分人的物质需求仍然很大,能源环境效率的提高会带来更大的能源回弹效应。

(二)能源产品价格及价格体系

消费者对能源环境效率的敏感度直接通过价格反映出来。当能源环境效率提高时,能源服务相关产品的价格会相应降低,从而刺激消费者的购买欲望,使能源消耗无法降低到预期值。因此,能源价格的作用非常重要,在提高能效的同时应相应提高能源价格,从而部分缓解因能效提高而导致的能源消耗增加。这样一来,能源的回弹效应在一定程度上减弱。

(三)消费者行为

从本质上来说,能源回弹效应是由消费者行为的变化所导致的。所以,当提高能源环境效率时,直接决定回弹效应的大小是消费者行为的变化。比如,当提高私家车的能源使用率时,消费者极有可能由于成本降低而增加出行的次数及里程数,进而使能源消费量不能达到预期减少量。不过,若能够运用合理有效的方法控制消费者的出行,那么能源消费量必然会减少,同时可控制回弹效应的效果。

四、脱钩的定义及分析模型

"脱钩"一词起源于物理学领域,意思是两个或多个原本具有相关性的物理量之间的相关性不再存在。20世纪末,经济合作与发展组织(Organization for economic co-operation and development,OECD)开始将"脱钩"的概念引入农业政策领域,并逐渐扩展到环境等其他领域。经合组织环境研究领域的专家给"脱钩"一词赋予了新的内涵,即阻断经济增长与能源消耗或环境污染之间的联系。在环境库兹涅茨曲线(EKC)的研究文献中,传统的粗放型经济增长方式往往伴随着能源消耗和环境恶化。但当经济发展到一定程度时,当局会采取措施减少或修复对环境的破坏,同时保持经济的可持续增长。这个过程就是脱钩,一般表现为倒"U"形曲线。一般而言,该研究思路的脱钩指标设计是基于驱动力和压力状态影响响应框架(DPSIR),但主要反映驱动力(如经济增长)和压力(如环境)增长弹性的变化。此外,经合组织将脱钩分为绝对脱钩和相对脱钩,其中绝对脱钩是指碳排放等相关环境变量在经济增长的同时保持稳定或减少的情况,也被称为"强脱钩";相对脱钩是指经济发展与碳排放等环境变量保持正增长,环境变量的增长速度小于经济发展的速度,也被称为"弱脱钩"。

本书中的"脱钩"是指在保持经济增长的同时,碳排放量在下降,或者说碳排放量的增长速度低于经济总量的增长速度,能源消费碳排放对经济增长的约束程度降低,而经济增长对能源消费和碳排放的依赖性也有所下降。

弹性是指两个或多个相互关联的变量,彼此之间发生一定比例的改变。而脱钩弹性是用数值衡量这些变量之间的变动情况,即脱钩状态。本书中的脱钩弹性主要指碳排放量相对于行业 GDP 的变化比率。

目前在脱钩研究领域,应用最广泛的有两种分析模型:一种是 2002 年经合组织(OECD)提出的脱钩指数法,这个方法的设计思路是基于"驱动力—压力—状态—影响—反应"框架(DPSIR),主要分析驱动力即经济增长与压力即环境变量之间的弹性变化关系;另一种则是塔皮奥(H Tapio)运用脱钩弹性创建的脱钩指标。下面我们对这两种模型和另外两种模型作一下介绍。

(一)OECD 脱钩分析模型

前面已经提到,OECD 把脱钩分为绝对脱钩与相对脱钩,为了直观地衡量脱钩指标的变化,首先建立脱钩指数与脱钩因子。具体的 OECD 脱钩分析模型如下。

$$D_f = 1 - \frac{(EP/DF)_{末端年}}{(EP/DF)_{始端年}} \tag{1-13}$$

式(1-13)中,D_f 为脱钩因子,EP 为环境负荷指标,可以用资源消耗量或碳排放量表示,DF 为经济驱动指标,用 GDP 表示。选定某一年为期初年,某一年为期末年,直接计算期末年相对于期初年的脱钩因子变化值。如果脱钩因子为正,且值接近于 1,则表现为绝对脱钩;如果脱钩因子为正,且值接近于 0,则表现为相对脱钩;如果脱钩因子为 0 或为负值,则表现为联结状态。在 OECD 脱钩分析模型中,脱钩状态的判定主要取决于期初值与期末值的选择,这些数值选择的主观性往往使结果具有较高的随意性和敏感性。

(二)Tapio 脱钩分析模型

塔皮奥立足于弹性的概念,对 1970—2001 年间欧洲 30 个国家交通业的碳排放量进行了实证研究,并对其与经济增长的弹性变化关系进行测度。在研究中,塔皮奥定义脱钩是一种小于 1 的弹性值,且这种弹性值可以描述交通量与经济增长之间的状态,即在特定时间内,当 GDP 变动一个百分点时,交通运量变化的百分比程度为:

$$r_{v,GDP} = (\Delta V/V)/(\Delta GDP/GDP) \tag{1-14}$$

式(1-14)中,r 为弹性值,表示交通运输量与 GDP 增长之间的弹性;V 为交通运输量。交通运输量与交通业所产生的碳排放之间的脱钩弹性公式可以表示为:

$$m_{CO_2,v} = (\Delta CO_2/CO_2)/(\Delta V/V) \tag{1-15}$$

将式(1-14)与式(1-15)相乘,就可以得到碳排放的脱钩公式,表示为:

$$T_{CO_2,GDP} = (\Delta CO_2/CO_2)/(\Delta GDP/GDP) \tag{1-16}$$

式(1-14)、(1-15)、(1-16)为塔皮奥创建的弹性分析指标体系,其中 $T_{CO_2,GDP}$ 表示碳排放情况随着经济发展增长率的变化而产生变动的比率或趋势,也就是说,我们通过对该弹性值的分析就可以得出经济增长与碳排放的脱钩状态。根据碳排放与 GDP 的正负变化率以及脱钩弹性的分布范围,碳排放与经济增长的脱钩关系可分为八种类型,如表 1-1 所示。显然,Tapio 脱钩模型综合分析总量变化和相对量变化两种指标,避免了 OECD 模型判断结果主要依赖初值和终值选择的主观性和敏感性,使结果更加全面和直观。其提高了研究模型在脱钩关系分析领域的科学性和准确性,因此得到了广泛的认可和应用。因此,在本书的研究中,选择利用 Tapio 脱钩分析模型对山东省工业行业经济增长与碳排放之间的脱钩关系进行研究。

表 1-1　碳排放与经济增长的脱钩类型

	状态	CO_2 变化率	GDP 变化率	弹性值 T
负脱钩	扩张负脱钩	>0	>0	$T>1.2$
	强负脱钩	>0	<0	$T<0$
	弱负脱钩	<0	<0	$0<T<0.8$

续表

	状态	CO_2 变化率	GDP 变化率	弹性值 T
脱钩	弱脱钩	>0	>0	$0<T<0.8$
	强脱钩	<0	>0	$T<0$
	衰退脱钩	<0	<0	$T>1.2$
联结	扩张联结	>0	>0	$0.8<T<1.2$
	衰退联结	<0	<0	$0.8<T<1.2$

(三)LMDI 分解模型

对数平均迪氏指数(LMDI)分解法于 20 世纪 70 年代被引入能源研究领域,其后在能源消耗、碳排放分解研究等方面得到广泛应用。LMDI 分解法是将影响研究对象变动的若干因素进行分解,逐一研究这些因素变动对研究对象整体变动的影响程度。

不同于其他常用的分解方法(如 Paasche 分解法等),LMDI 分解法有其独特的优势:该方法通过了多项差异测试;可以对影响因素进行乘法分解和加法分解,且二者之间具有简明关系;分解后的残差值为零,为完全分解。而其他方法则不能进行多因素分解,且分解得到的残差值一般较大。因此,LMDI 分解法基于其存在的诸多优点,成为能源消耗、碳排放分解等领域最受欢迎的研究方法之一。

(四)情景分析模型

综观国内外学者在碳排放预测领域的研究文献,可以发现应用最广泛的两类方法,一类是趋势外推法,另一类是情景分析法。趋势外推法是在对以往的相关数据进行收集整理的基础上进行推理分析,并不分析其他影响因素,例如政府政策、相关法律等对碳排放的影响,分析结果不够全面和科学。

情景分析法是基于对研究对象现阶段的研究数据,假设现阶段的情况会在未来一段时间内继续维持下去,并对未来可能出现的情形进行预测,是一种相对直观的定性预测方法。国外学者 Chermack(2005)在其研究文献中对情景分析法进行了明确的定义,称其为一种基于研究、理论和实践的情景计划研究方法。我国学者宗蓓华(1994)则提出了情景分析方法的 5 个本质特征,如承认未来的发展是多样化的,承认人在未来发展中的"能动作用",特别注意关键因素的作用等。总而言之,情景分析法是基于研究对象的特征,为其设定各种相匹配的情境,并通过各类数据的收集和严密的推理等对未来可能出现的情形进行量化分析的方法。

第二章　碳达峰约束下全要素能源
环境效率测算与分析

近年来,中国经济的高速发展带来了能源需求的快速增加,而大量的粗放型的能源消费又带来了生态环境的严重恶化。为了推动绿色、低碳、可持续的经济发展,中央政府在"十一五"规划中首次明确提出了单位 GDP 能耗下降 20%的约束目标,到目前为止,节能减排一直是中央和地方工作的"重中之重"。在此背景下,科学、系统地研究考虑环境因素的全要素能源环境效率问题,在此基础上制定合理的能源与环境政策具有重要的现实意义。为此,本章的结构安排如下:首先,介绍了中国目前能源消费情况;其次,介绍本书所使用的能源环境效率测算模型的构建方法;再次,对模型中的投入项和产出项的数据来源和计算方法进行说明;最后,根据模型的测算结果,从国家和省级层面对我国全要素能源环境效率的变动进行分析。

第一节　我国能源消费现状

我国一直被公认为是能源消费大国,特别是改革开放后,我国经济发展水平有了长足的进步,这也带动了能源消费的增长。2002 年以来,随着我国工业化进程的加快,对能源的需求量剧增,能源消费也大幅增加。下面详细分析了我国能源消费的基本情况。

一、能源消费总量

我国 2000—2020 年间的能源消费总量以及生产总量如图 2-1 所示。首先,从能源消费总量来看,2000 年我国的能源消费总量为 146964 万吨标准煤,而 2020 年增加到 498314 万吨标准煤,相当于 2000 年能源消费总量的 3.39倍。由此可见,我国的能源消费总量呈现较为迅速的增长态势。此外,我国能源消费总量和生产总量走势大体一致,总体呈上升趋势。在 2000 年以后,我国的能源生产已经不能满足能源消费的需求,2002 年中国成为世界第二大能源消费国,并且于 2010 年一跃成为世界第一大能源消费国。

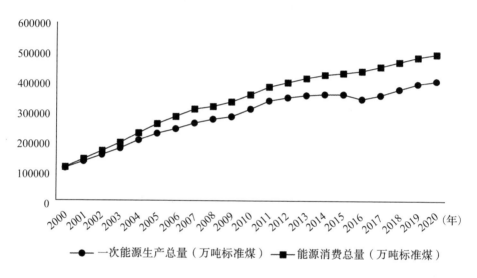

图 2-1 2000—2020 年我国能源消费与生产总量

(数据来源:国家统计局网站和中国统计年鉴)

二、能源强度和弹性系数

一般来说,能源强度表示的是能源消费量与经济产出之比,对于一个国家或地区而言,能源强度是用该国家或地区的能源消费总量与国内生产总值之比来表示。能源强度可以反映能源使用的经济效益,能源强度越低,则表明单位 GDP 所消耗的能源量越少,那么能源的经济效益就越高。从图2-2 中可以看出,我国的能源强度总体上是一个下降的趋势,2000 年以后,能源强度下降速度较快,进一步表明我国能源的经济效益越来越高,同时也表明了我国经济发展从高耗能向低耗能的转变是成功的。但我们需要看到,与世界平均水平相比,我国的能源强度仍然高出较多:2020 年,我国单位 GDP 所消耗的能源是世界平均水平的近 2 倍,甚至是一些发达国家的 3—4 倍。

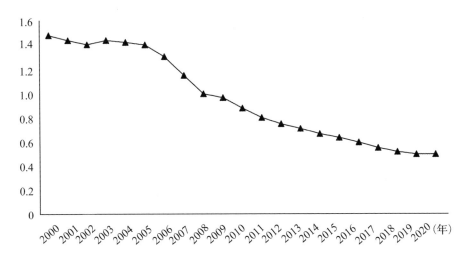

图 2-2　2000—2020 年能源强度

（数据来源：国家统计局网站和中国统计年鉴）

　　学者们倾向于用能源消费弹性系数来衡量能源利用效率。能源消费弹性系数能够反映能源消费增长率与国民经济增长率之间的比例关系。一般来说，用两者的年均增长率之比来表示能源消费弹性系数，值越低，能效越高。从图 2-3 中可以看出，除 2003 年、2004 年、2005 年和 2020 年的能源弹性系数大于 1 外，其余年份的能源弹性系数基本保持在 0.3—0.6。2003 年和 2004 年的能源消费弹性系数甚至超过 1.5，表明 2003 年和 2004 年的能源消费增长率远远高于经济增长率。施发财（2005）在研究中指出，这一时期能源消费弹性系数过大，主要原因有三：一是投资高速增长导致高耗能产业快速发展，能源消费快速增长；二是产业结构的变化，特别是工业的快速发展，带动了能源消费的快速增长；三是随着居民生活水平的提高，汽车、家电使用量增加，生活能耗进一步增加。虽然我国的能源消费弹性系数一直在 0.55 左右波动，但能源环境效率还有待进一步提高。

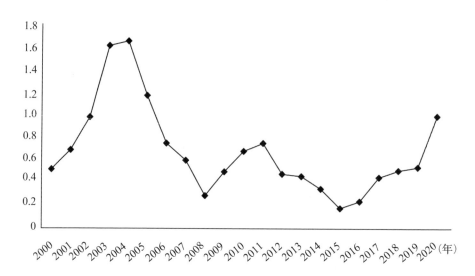

图 2-3　2000—2020 年能源消费弹性系数

（数据来源：国家统计局网站和中国统计年鉴）

三、能源消费结构

从图 2-4 中可以看出，自 2000 年后，我国的能源消费结构出现了一定的改变。虽然能源消费中煤炭仍占主要部分，但是煤炭的消费占比却呈下降趋势，而其他几种能源占比都相应地增加。特别是在 2011 年以来，煤炭消费量下降幅度变大，而石油等能源消费占比则明显提升。主要原因是，这一时期我国进一步加快了产业结构特别是工商部门的调整步伐，从而使得这些部门大大增加了对石油等的需求，因此石油等消费量逐渐增加。

然而，我国能源结构调整任重道远。图 2-5 和图 2-6 分别是 2020 年世界能源消费结构和 2020 年我国能源消费结构，在我国能源消费中，煤炭需求仍占能源消费总量的绝大部分，其次是石油消费。被称为清洁能源的天然气仅占我国能源消费总量的 8.4％，却占世界能源消费总量的 24.7％。随着我国煤炭的过度开采和消费，加之我国本身是石油进口国，天然气和可再生能源将是我国能源结构调整的重点。

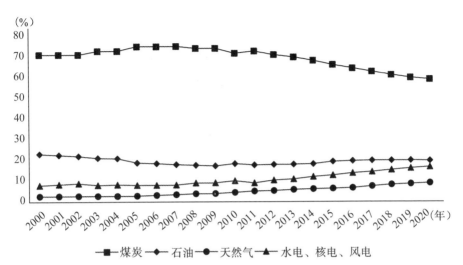

图 2-4 2000—2020 年各类能源消费总量

（数据来源：国家统计局网站和中国统计年鉴）

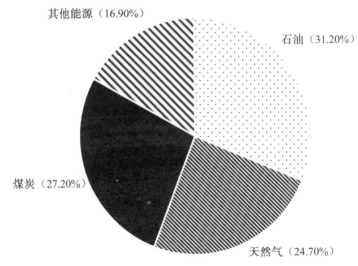

图 2-5 2020 年世界能源消费结构

（数据来源：BP 世界能源统计年鉴）

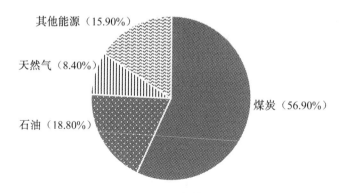

图 2-6　2020 年我国能源消费结构

（数据来源：国家统计局网站和中国统计年鉴）

四、能源消费行业结构

从图 2-7 中可以看出，在我国能源消费的产业结构中，工业是主体，占能源消费总量的 70% 左右。有关调查结果表明，能源消耗造成的环境污染的 90% 来自工业能源消耗。因此，我们有必要加快产业结构特别是产品结构的调整，更好地发挥节能减排的作用。在工业产业中，要重视发展高新技术产业，提高其在工业增加值中的比重，走低能耗、低污染、高经济效益的新型工业化道路。

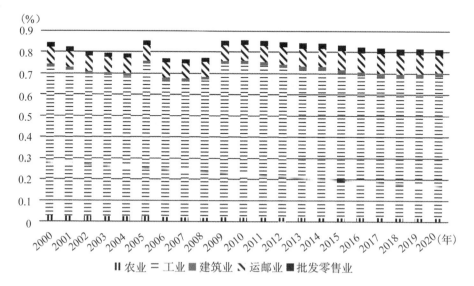

图 2-7　2000—2020 年中国能源消费行业结构

（数据来源：国家统计局网站和中国统计年鉴）

第二节　能源环境效率计算方法

一、数据包络分析方法

数据包络分析方法(DEA)是一个基于运筹学、管理科学和数理经济学交叉研究的新领域,是一种基于被评价对象间相对比较的非参数技术效率分析方法。该方法依据线性规划的思路,包含多个产出指标和多个投入指标,对具有可比性的多个决策单元进行效率评价。在该过程中,通过对一个特定决策单元的效率和一个具有可比性的决策单元的效率进行比较,来实现效率值的最大化。其中100%效率的决策单元被称为"相对有效率单元",低于100%效率的决策单元被称为"缺乏效率单元"。数据包络分析方法由于具备相对客观性强,原理简单,适用范围广,可同时处理多产出、多投入问题的优势,目前已经得到了广泛应用。在能源环境效率研究领域中,由于要涉及多个要素投入和多个产出,因此数据包络分析方法得到了较广泛的应用。本书研究中,也将使用该方法对全要素能源环境效率进行评价。

二、环境技术集

能源作为经济中重要的生产要素,不仅在生产过程中产生期望产出,而且不可避免地产生二氧化碳和二氧化硫等非期望产出。环境技术集是指一组生产力,包括期望和不期望的产出。

根据 Fare 等(2007)对环境技术集的定义,假设有 $k=1,\cdots,K$ 个生产决策单元,使用 N 种投入要素 $x=(x_1,\cdots,x_n)$,$x \in R_+^N$(R_+^N 表示正整数集),生产出 M 种期望产出 $y=(y_1,\cdots,y_m)$,$y \in R_+^M$,和 J 种非期望产出 $b=(b_1,\cdots,b_j)$,$b \in R_+^J$。那么环境技术集可以表示为:$P(x)=\{(y,b):x$ 能生产 $(y,b),x \in R_+^N\}$。

环境技术集需要满足以下几个前提条件:

①集合 $P(x)$ 是有界闭集合,有限的输入只能生产有限的输出。

②若 $x \in R_+^N$,则 $(0,0) \in P(x)$,表示在环境技术集中,不进行生产活动是允许的。

③若 $x' \geqslant x$,则 $P(x') \supseteq P(x)$,表示要素投入具有强可处置性。

④若 $(y,b) \in P(x)$,且 $0 \leqslant \theta \leqslant 1$,则 $(\theta y,\theta b) \in P(x)$。表示在生产可能集中,可以按照任意比例同时改变期望产出和非期望产出;同时非期望产出

具有弱处置性,即减少非期望产出,一定会带来期望产出的减少。

⑤若$(y,b)\in P(x)$,且$y'\leqslant y$,则$(y',b)\in P(x)$,表示期望产出具有强可处置性。

⑥若$(y,b)\in P(x)$,且$b=0$,则$y=0$。表示期望产出和非期望产出具有零结合性,即在生产可能集中,生产期望产出的同时一定会伴随非期望产出。

在环境技术集中加入时间因素,就有了 Tulkens(1995)等提出的同期基准技术和 Pasyor 等提出的全域基准技术。

同期基准技术(CBT)是一个建立在 t 时刻的可参考生产集,定义为:$P^t(x^t)=\{(y^t,b^t)|x^t$ 可生产$(y^t,b^t)\}$,其中 $t=1,\cdots,T$。该集合是由一个时期的观测数据构成的。

全域基准技术(GBT)是在同期基准技术的基础之上提出来的,定义为:$P^G=P^1\bigcup P^2\bigcup P^3\bigcup\cdots\bigcup P^T$。全域基准技术在生产过程中考虑了非期望产出,通过建立一个单一的可参考的生产可能集来包络同期基准技术。因此,所有同期基准技术的包络等价于全域基准技术。

三、方向距离函数

方向距离函数(DDF)是由 Chung 等(1997)提出来的,其定义为:

$$\vec{D}=(x,y,b;g)=\sup\{\beta:(y,b)+\beta\cdot g\in p(x)\} \tag{2-1}$$

其中的 $g\in R_+^M\times R_+^J$,且 $g=g(g_y,-g_b)$,表示期望产出增加的方向或者非期望产出减少的方向。参考 Chung 等对方向向量的说明,本书选取 $g=(y,-b)$ 作为方向向量。非期望产出在技术上具有弱可处置性,这表明可以在减少非期望产出的同时提高期望产出的产量,这也意味着可以同时实现经济增长和环境规制。此时方向距离函数可以表示为:

$$\vec{D}=(x,y,b;g_y,-g_b)=\sup\{\beta:(y+\beta\cdot g_y,b-\beta\cdot g_b)\in p(x)\} \tag{2-2}$$

式(2-2)中 β 为距离函数值,是指生产单位在现有的产出水平上,按照 $g=g(g_y,-g_b)$ 的方向往生产前沿面运动时,合意产出的增加与非合意产出等比重减小的最大倍数。其中 β 值越小,代表生产单位现有的产出水平距离生产前沿面越近,生产效率越高。

四、Global Malmquist-Luenberger 生产率指数

随着环境因素对实证研究的影响,以往研究中使用的指数已经不能满足学者们的需要,不考虑环境因素计算出来的生产率往往是有偏差的,实用价值不大。为此,Chung 等在方向距离函数和原有的 Malmquist 生产率指

数的基础之上提出了 Malmquist-Luenberger 生产率指数（简称"ML 指数"）。ML 指数是在两个连续的同期基准技术上定义，表达式为：

$$ML^s(x^t,y^t,b^t,x^{t+1},y^{t+1},b^{t+1})=\frac{1+\overrightarrow{D^s}(x^t,y^t,b^t)}{1+\overrightarrow{D^s}(x^{t+1},y^{t+1},b^{t+1})} \qquad (2\text{-}3)$$

其中，方向距离函数 $\overrightarrow{D^s}(x,y,b)=\max\{\beta|(y+\beta y,b-\beta b)\in P^s(x)\}$，$s=t,t+1$。当 $ML^s>1$ 时，表示决策单元效率提高，而当 $ML^s<1$ 时，表示决策单元效率下降。由于该 ML 指数是定义在某一时期的同期基准技术的生产可能集上，而 $ML^t(x^t,y^t,b^t,x^{t+1},y^{t+1},b^{t+1})\neq ML^{t+1}(x^t,y^t,b^t,x^{t+1},y^{t+1},b^{t+1})$，所以在很多研究中会把 ML 指数定义为两个连续同期基准技术基础上的 ML 指数的几何平均值，表达式为：

$$ML_t^{t+1}=\left\{\frac{[1+\overrightarrow{D^t}(x^t,y^t,b^t)]}{[1+\overrightarrow{D^t}(x^{t+1},y^{t+1},b^{t+1})]}\times\frac{[1+\overrightarrow{D^{t+1}}(x^t,y^t,b^t)]}{[1+\overrightarrow{D^{t+1}}(x^{t+1},y^{t+1},b^{t+1})]}\right\}^{\frac{1}{2}}$$

$$(2\text{-}4)$$

同样，当 ML 的值小于 1 时，效率下降，反之效率上升。ML 生产率指数的优势在于，可以分解成技术进步指数（TECH）和效率变化指数（EFFCH），因此，ML 生产率指数可以表示为：

$$ML_t^{t+1}=\frac{1+\overrightarrow{D^t}(x^t,y^t,b^t)}{1+\overrightarrow{D^{t+1}}(x^{t+1},y^{t+1},b^{t+1})}$$

$$\times\left\{\frac{[1+\overrightarrow{D^{t+1}}(x^t,y^t,b^t)]}{[1+\overrightarrow{D^t}(x^t,y^t,b^t)]}\times\frac{[1+\overrightarrow{D^{t+1}}(x^{t+1},y^{t+1},b^{t+1})]}{[1+\overrightarrow{D^t}(x^{t+1},y^{t+1},b^{t+1})]}\right\}^{\frac{1}{2}}$$

$$=EFFCH_t^{t+1}\times TECH_t^{t+1} \qquad (2\text{-}5)$$

ML 生产率指数虽然可以用来测算考虑环境污染物的能源环境效率值，但它是定义在两个连续的同期基准技术之上，在跨周期方向距离函数时可能会存在无可行解的状况。为了避免这种情况，Oh（2010）提出了 Global Malmquist-Luenberger 生产率指数（简称"GML 指数"），GML 指数是定义在全域基准技术的生产可能集之上的，表达式为：

$$GML_t^{t+1}(x^t,y^t,b^t,x^{t+1},y^{t+1},b^{t+1})=\frac{1+\overrightarrow{D^G}(x^t,y^t,b^t)}{1+\overrightarrow{D^G}(x^{t+1},y^{t+1},b^{t+1})} \qquad (2\text{-}6)$$

式（2-6）中方向距离函数 $\overrightarrow{D^G}(x,y,b)=\max\{\beta|(y+\beta y,b-\beta b)\in P^G(x)\}$。当 $GML_t^{t+1}>1$ 时，表示效率提高，反之效率下降。与 ML 指数相类似，GML 指数可以分解成全域技术进步指数

（GTECH）和全域效率变化指数（GEFFCH），表达式为：

$$GML_t^{t+1}(x^t,y^t,b^t,x^{t+1},y^{t+1},b^{t+1})$$

$$=\frac{1+\overrightarrow{D^t}(x^t,y^t,b^t)}{1+\overrightarrow{D^{t+1}}(x^{t+1},y^{t+1},b^{t+1})}$$

$$\times\left\{\frac{[1+\overrightarrow{D^G}(x^t,y^t,b^t)]/[1+\overrightarrow{D^t}(x^t,y^t,b^t)]}{[1+\overrightarrow{D^G}(x^{t+1},y^{t+1},b^{t+1})]/[1+\overrightarrow{D^{t+1}}(x^{t+1},y^{t+1},b^{t+1})]}\right\}$$

$$=GEFFCH_t^{t+1}\times GTECH_t^{t+1} \tag{2-7}$$

其中，全域效率变化指数（GEFFCH）还可以分解为全域纯效率变化指数（GPEFFCH）和全域规模效率变化指数（GSECH），在规模报酬不变的前提下，可以将 GML 指数分解为：

$$GML_t^{t+1}(x^t,y^t,b^t,x^{t+1},y^{t+1},b^{t+1})$$

$$=\frac{1+\overrightarrow{D_v^t}(x^t,y^t,b^t)}{1+\overrightarrow{D_v^{t+1}}(x^{t+1},y^{t+1},b^{t+1})}$$

$$\times\frac{[1+\overrightarrow{D_c^G}(x^t,y^t,b^t)]/[1+\overrightarrow{D_v^G}(x^t,y^t,b^t)]}{[1+\overrightarrow{D_c^G}(x^{t+1},y^{t+1},b^{t+1})]/[1+\overrightarrow{D_v^G}(x^{t+1},y^{t+1},b^{t+1})]}$$

$$\times\frac{[1+\overrightarrow{D_v^G}(x^t,y^t,b^t)]/[1+\overrightarrow{D_v^t}(x^t,y^t,b^t)]}{[1+\overrightarrow{D_v^G}(x^{t+1},y^{t+1},b^{t+1})]/[1+\overrightarrow{D_v^{t+1}}(x^{t+1},y^{t+1},b^{t+1})]}$$

$$=GPEFFCH_t^{t+1}\times GSECH_t^{t+1}\times GTECH_t^{t+1} \tag{2-8}$$

式（2-8）中 $\overrightarrow{D_c}$ 和 $\overrightarrow{D_v}$ 分别表示规模报酬不变和规模报酬可变条件下的方向距离函数。

第三节 数据来源与计算

通过以上对研究方法的分析，本书运用基于全域方向距离函数的 Global Malmquist-Luenberger 生产率指数构建模型，并将环境因素（即二氧化碳排放量）加入模型中，使用 MaxDEA 测算 2000—2020 年我国 30 个省份的能源环境效率（由于西藏、香港、澳门和台湾的数据缺失，所以不包括在内）。本书使用的数据来源于中国统计年鉴、中国能源统计年鉴、BP 世界能源统计年鉴、中国科技统计年鉴以及各地区统计年鉴。

通过对国内外能源环境效率相关研究进行梳理和整合，发现常见的投入要素有三项，分别是劳动、资本和能源，而大多数学者在分析能源环境效率的影响因素时,都会提到技术进步对能源环境效率的显著影响,且技术是能源环境效率提升的主要推动力,可见,不考虑技术因素测算的能源环境效率值会被高估。因此,本书在投入项中增加了技术要素,故本书的要素投入包括四项,分别是劳动、资本、能源和技术。本书的产出项包括期望产出和非期望产出,其中国内生产总值 GDP 为期望产出,二氧化碳排放量为非期望产出,如此测算的能源环境效率考虑了环境因素,测算结果更加准确。相关数据来源与计算如下:

1.劳动(Labour)

本书以各地区统计年鉴中当年就业人数作为当年的劳动力投入,单位为万人。

2.资本存量(Capital)

①当期资本存量的测算:本书使用索罗模型对资本存量进行估算,索罗模型可以表示成:$\Delta K_{t+1} = I_t - \delta K_t$,第 $t+1$ 期的资本存量可以表示为:$K_{t+1} = I_t + (1-\delta)K_t$。其中 K_{t+1} 代表 $t+1$ 期期初的资本存量,I_t 代表第 t 期的固定资产投资,δ 表示资本折旧率,单位为亿元。

②基期资本存量的测算:本书以 2000 年为基年。资本存量增长公式为:$\dfrac{K_{t+1} - K_t}{K_t} = g$,其中 g 是资本存量增长率。当 $t=0$ 时,可以得到 $K_0 = \dfrac{I_0}{(g+\delta)}$,其中 K_0 为 $t=0$ 时期初的资本存量,I_0 为 $t=0$ 期的固定资产投资。采用刘建翠等(2015)关于资本存量测算的研究假设:一是增长稳态下资本存量增长与投资增长相同,二是稳态经济中资本存量与经济总量存在正向相关关系,资本存量增长率与经济增长率同速。为了不失一般性,同时考虑到部分年份中部分省份经济增长率为负,因此,本书分别采用投资增长率和经济增长率作为资本增长率,测算出基期资本存量,再取平均值。

③折旧率的测算:本书基于单豪杰(2008)关于中国资本存量估算的成果,资本存量估算过程中所使用的折旧率统一取 10.96%。

3.能源(Energy)

本书以中国能源统计年鉴中各地区能源消耗总量作为当年的能源消耗量,单位为万吨标准煤。

4.技术(Technology)

本书以 2000 年为基年,用无形资产投资所形成的资本存量代替当年的技术投入。由于上文在测算资本存量时已经测算了固定资产所形成的资本存量,为避免重复计算,本书的无形资产投资用各地区 R&D 经费内部支出投资扣除其中仪器设备等固定资本项来测算。本书基期无形资本存量和当期无形资本存量的计算方法与上文中固定资产资本存量的计算方法相同。有区别的地方在于,本书参考刘建翠等关于 R&D 存量测算方法,在折算 R&D 不变价投资时,采用的投入价格指数为消费者价格指数,同时在测算当期资本存量时选用的折旧率为 15%。数据来源为中国科技统计年鉴及中国统计年鉴,单位为亿元。

5.期望产出(GDP)

本书以 2000 年为基年,用 2000—2020 年各地区的实际 GDP 来表示合意产出,单位为亿元。

6.非期望产出(CO_2)

以二氧化碳排放量作为非合意产出。目前国内外数据库中专门计算碳排放的数据较少,虽然中国碳排放数据库(CEADs)中计算的碳排放量比较准确,但是其中计算的碳排放大多只来源于煤炭、原油和天然气,忽略了焦炭、汽油、柴油等其他能源消费所释放的二氧化碳。因此,本书采用《2006 年 IPCC 国家温室气体清单指南》中所提到的碳排放系数法来测算二氧化碳排放量,计算方法为:

$$CO_2 = \sum_{i=1}^{n} CO_2 = \sum_{i=1}^{n} E_i \times NCV_i \times CF_i \times COF \qquad (2\text{-}9)$$

式(2-9)中 i 表示各种能源的种类,本书涉及的能源共有 8 种,分别是煤炭、焦炭、原油、汽油、煤油、柴油、燃料油和天然气;E_i 表示各地区第 i 种能源的消费量,数据来源于中国能源统计年鉴中分地区能源消费量;NCV_i 表示第 i 种能源的平均低位发热量,数据来源于中国能源统计年鉴;CF_i 表示第 i 种能源的 CO_2 排放系数,数据来源于《2006 年 IPCC 国家温室气体清单指南》;COF 表示碳氧化因子,数据来源于《2006 年 IPCC 国家温室气体清单指南》,单位为万吨。

第四节 碳达峰约束下国家和省级层面全要素能源环境效率分析

根据上文所构建的考虑二氧化碳排放的基于全域方向距离函数的 Global Malmquist-Luenberger 生产率指数模型,运用 2000—2020 年省级面板数据,测算出了 2000—2020 年我国总体以及省级层面的全要素生产率的动态变化及其分解指数。基于模型的测算结果,本节从国家层面和省级层面对我国全要素能源环境效率的变化情况进行分析。

一、国家层面全要素能源环境效率分析

(一)我国全要素能源环境效率变动分析

通过构建考虑二氧化碳排放量的基于全域方向距离函数的 Global Malmquist-Luenberger 生产率指数模型,运用相关面板数据,测算了 2000—2020 年我国总体 GML 指数均值及其分解均值,通过整理得到表 2-1。

表 2-1 2000—2020 年我国 GML 指数及其分解指数

年份	GML	GTECH	GEFFCH	GPEFFCH	GSECH
2000—2001	1.0674	1.0804	0.9878	0.9932	0.9947
2001—2002	1.0112	1.0270	0.9845	0.9645	1.0208
2002—2003	1.0358	1.0618	0.9755	0.9735	1.0021
2003—2004	1.0478	1.0544	0.9938	0.9879	1.0060
2004—2005	1.0668	1.0825	0.9854	0.9686	1.0174
2005—2006	1.0699	1.0742	0.9960	0.9949	1.0011
2006—2007	1.0929	1.0882	1.0044	1.0019	1.0024
2007—2008	1.0892	1.0932	0.9961	1.0174	0.9790
2008—2009	1.0868	1.0787	1.0075	0.9846	1.0233
2009—2010	1.0920	1.0975	0.9950	0.9968	0.9982
2010—2011	1.0754	1.0617	1.0129	1.0125	1.0005
2011—2012	1.0939	1.0981	0.9963	1.0053	0.9911
2012—2013	1.1184	1.1369	0.9837	0.9875	0.9963
2013—2014	1.0721	1.0557	1.0154	1.0093	1.0061
2014—2015	1.0971	1.1053	0.9927	0.9975	0.9952
2015—2016	1.1226	1.1572	0.9705	0.9858	0.9844
2016—2017	1.1488	1.2116	0.9488	0.9743	0.9737
2017—2018	1.1226	1.1572	0.9705	0.9858	0.9844
2018—2019	1.1239	1.1603	0.9686	0.9841	0.9842
2019—2020	1.1397	1.1596	0.9828	0.9915	0.9913
均值	1.0886	1.1020	0.9884	0.9908	0.9976

　　从总体全要素生产率来看,根据表 2-1,2000—2020 年,我国全要素能源环境效率持续增长,年均增长率约为 8.86%,其中技术进步平均每年增长 10.20%,技术进步的大幅度增长在很大程度上带动了全要素能源环境效率的提升,也弥补了技术效率的下降,这说明技术进步是全要素能源环境效率增长的主要推动力,与众多学者的研究结论一致。虽然总体全要素能源环境效率有所提升,但 2000—2020 年的技术效率指数均值呈现出无效率状态,平均每年下降幅度为 1.16%,其中纯技术效率平均每年下降 0.92%。可以观察到,虽然技术效率和纯技术效率平均每年都有不同程度的下滑,但是规模效率年均保持在效率以上水平且基本保持稳定。这说明在研究期内,我国在优化能源消费结构方面采取的措施有一定的成效,产业结构得到了优化升级,全要素能源环境效率有所提升。仔细观察可以发现,仍有部分年份的规模效率指数均值小于 1,未达到有效状态,部分年份规模效率即使达到有效状态,其年均增长也是微乎其微。这说明虽然样本期内我国能源消费结构和产业结构得到了调整,但是实施还不够到位,技术效率和规模经济的优化潜力依然很大。为了便于分析研究期内我国全要素生产率及其分解指数走势,本书绘制图 2-8。

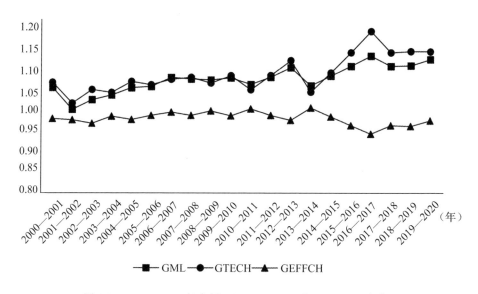

图 2-8　2000—2020 年全国 GML、GTECH 和 GEFFCH 走势

　　由图 2-8 和表 2-1 可知,样本期内,我国全要素能源环境效率、技术进步

指数和效率变化指数均在不断波动,其中全要素生产率和技术进步指数都呈现出明显的上升趋势且走势较为一致,技术效率指数变化不明显。全要素能源环境效率的增长幅度在 2002 年到达最低点,GML 指数为 1.0112,虽然增长幅度有所下降,但仍然处于有效率状态,全要素生产率较上一年提升了 1.12％。GML 增幅下降的根本原因是样本期内技术进步的增长幅度有所下降,由上一年 8.04％的增长率下降到 2002 年 2.70％的增长率。此外,技术效率和纯技术效率仍然处于无效率状态,技术效率年均降幅 1.55％,纯技术效率年均降幅 3.55％,说明部分地区存在着能源、环境、经济和技术发展不协调的问题。结合现实,我国全要素能源环境效率增长率在 2002 年达到最低点,在很大程度上与我国当时的能源消费结构和产业结构有关。2000年之前,我国在发展制造业和重化工方面的步伐太快,工业产值在快速增长的过程中,必然会带动能源消费的增加,尤其是高耗能产业产值的增加,进而带来能源环境效率增幅的下降。如根据中国钢铁工业统计年鉴,1999 年我国钢铁工业产值为 2424.37 亿元,到了 2002 年已经翻了一倍,增长到4863.93 亿元。这种以重工业为主导的能源消费结构和产业结构,一方面由于本身的能源环境效率较低,另一方面由于缺乏一定的资金和技术对这些重工业生产中所使用的一些设备进行改造升级,导致纯技术效率较低,在很大程度上会抑制能源环境效率的增长。2002 年之后,我国全要素生产率持续提升,增长幅度虽有波动,但在整体上呈上升趋势,年均增长率达 7.96％。这可能与后期国家发改委和国家质检总局联合制定并发布的《能源环境效率标识管理办法》有一定关系。通过建立和实施这种能源环境效率标识的办法,一方面,消费者在购买产品时可以直观了解到该产品的能效信息,在很大程度上提高消费者的节能意识;另一方面,企业面对这种信息透明化的管理办法,不得不生产能效较高的产品,也可以提高企业的节能减排意识。消费者和企业节能意识的提高,必然会带动全国能源环境效率的快速提升。在经历了 2003—2007 年连续五年的飞速增长后,2008—2009 年,我国全要素生产率增长幅度有所下滑,这在一定程度上受到了美国次贷危机引发的全球金融危机的影响,技术进步指数的走势与 GML 指数的走势基本一致。需要注意的是,虽然 2009 年 GML 和 GTECH 指数较上年有所下降,但是其代表的全要素生产率和技术进步的增长依然是很高的,且 2009 年实现了技术效率的增长,年均增长 0.75％,规模效率年均增长 2.33％,规模效率的大幅度增加抵消了纯技术效率的下降。

2011—2020年，我国全要素生产率增长情况出现了较大波动，其中2011年和2014年的GML指数是这期间的较低水平，但可以观察到，这两年的技术效率指数、纯技术效率指数和规模效率指数全部达到了效率水平，年均增长率均为正。技术进步指数较往年有所下滑，说明部分资金和技术投入到了旧生产设备的改造升级上，很大程度上带来了技术效率的提升，又使技术进步的增长放缓。2013年，我国全要素能源环境效率增幅达到较大值，其GML指数为1.1184，较上一年增长了11.84%。技术进步指数增长幅度为13.69%，也是样本期内的较大值。然而，技术效率指数、纯技术效率指数和规模效率指数仍小于1，处于无效率的状态。可见技术进步在全要素能源环境效率提升中起着重要作用，技术进步的大幅度提升必然会带来能源环境效率的大幅度提高。总体来看，2000—2020年，我国全要素能源环境效率得到了很大的提升。

（二）能源环境效率的阶段性特征分析对比情况

为了更仔细地观察我国全要素能源环境效率及其分解指数的阶段性变动情况，本书整理了"2001—2007年""2008—2013年"和"2014—2020年"这三个时间段我国GML、GTECH、GEFFCH、GPEFFCH和GSECH指数均值，绘制成表2-2。

表2-2　GML及其分解指数均值的阶段性动态变化

年份	GML	GTECH	GEFFCH	GPEFFCH	GSECH
2001—2007	1.0560	1.0669	0.9896	0.9835	1.0064
2008—2013	1.0926	1.0944	0.9986	1.0007	0.9981
2014—2020	1.1181	1.1438	0.9785	0.9898	0.9885

由表2-2可知，全要素能源环境效率均在不断增长且年均增长率在不断提高。2001—2007年，我国全要素生产率年均增长5.60%；2008—2013年，我国全要素生产率年均增长9.26%；2014—2020年，我国全要素生产率年均增长11.81%。可见，自从我国在"十一五"规划中首次明确提出了节能减排的目标规划，并将我国节能减排工作作为重中之重，我国全要素能源环境效率确实得到了迅猛提升，政策的效果十分显著。

能源环境效率的提升离不开技术进步的支持，从图2-9的GTECH指数走势来看,2001 年以来,我国技术进步指数均值持续上升,其走势与 GML 指数几乎一致。2001—2007 年,技术进步增长率要高于全要素能源环境效率增长率,说明这段时期能源环境效率的增长一味地依赖技术的进步,而忽略了技术效率本身的影响,在随后的 2008—2013 年和 2014—2020 年,技术进步指数大小与全要素生产率指数大小几乎相等。从技术效率变动来看,2001—2007 年,我国 GEFFCH 指数为 0.9785,技术效率未达到最优生产前沿面,年均降幅 2.15%。而"十一五"规划提出节能减排目标约束之后,通过对低效率、高能耗仪器设备的改造,技术效率的降幅减慢。2014—2020 年,技术效率已经达到最优生产前沿面上。纯技术效率的走势与技术效率一致,2001—2007 年,较低的技术效率主要是年均降幅 1.02% 的纯技术效率导致的。从规模效率来看,会得到不同的结论。自 2001—2007 年开始一直到 2014—2020 年,我国规模效率指数在不断下降,由起初年均 0.64% 的增幅到年均 0.12% 的降幅,可以看出我国节能减排政策的实施较重视由技术进步和创新方面带动全要素能效的增长,而忽视了规模经济效益,使我国节能减排潜力没有完全发挥出来,可见我国在以后的节能减排工作中应该重视规模经济的效益,加大对于高能耗企业的监管,实施兼并或者重组等方式,通过不断整合来降低企业的成本,从而达到规模经济,带动全要素能源生产率得到更高水平的提升。

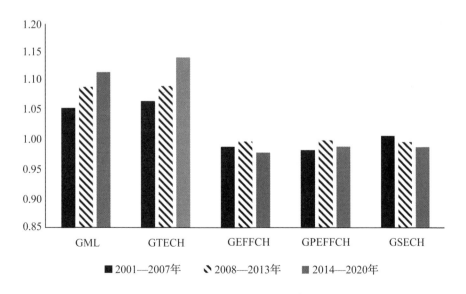

图 2-9 全国 GML 指数均值及其分解指数的阶段性变化

综上所述,本书从国家层面对全要素能源环境效率变动进行了分析,得到以下结论。

(1)2000—2020 年,我国全要素能源环境效率持续增长,年均增长率在 8％以上,其中技术进步是全要素能源环境效率增长的主要推动力,而技术效率整体上则呈现出无效率状态,抑制了全要素能源环境效率的持续增长。

(2)从我国全要素能源环境效率的增长率变化情况来看,样本期内,虽然我国全要素能源环境效率增长幅度在不断波动,但总体上呈现出明显的上升趋势。全要素能源环境效率的年增长率在 2002 年达到最低,2017 年达到最高,2011—2015 年的波动较大。

(3)通过对"2001—2007 年""2008—2013 年"和"2014—2020 年"三个时段内我国全要素能源环境效率及其分解指数变化进行对比分析,发现"2001—2007 年""2008—2013 年"和"2014—2020 年"我国全要素能源环境效率持续增长且年均增长率不断提高,其中技术进步的变化与能源环境效率一致,纯技术效率指数不断增加,规模效率指数持续下降。

二、省级层面全要素能源环境效率变动分析

运用本书采取的研究方法和收集的原始面板数据,借助 MaxDEA 软件可以测算 2000—2020 年我国省级层面的 GML 指数及其分解指数,通过计算和整理得到表 2-3。

表 2-3　2000—2020 年我国省级 GML 指数均值及其分解均值

	GML	GTECH	GEFFCH	GPEFFCH	GSECH
北京	1.1000	1.0170	1.0810	1.0060	1.0110
天津	1.0750	1.0020	1.0730	1.0010	1.0010
河北	1.0220	0.9880	1.0350	0.9890	0.9990
山西	1.0410	0.9980	1.0420	0.9990	0.9990
内蒙古	1.0320	0.9670	1.0670	0.9690	0.9990
辽宁	1.0210	0.9680	1.0550	0.9700	0.9970
吉林	1.0260	0.9700	1.0570	0.9760	0.9940
黑龙江	1.0050	0.9710	1.0350	0.9760	0.9950
上海	1.0650	1.0000	1.0650	1.0000	1.0000

	GML	GTECH	GEFFCH	GPEFFCH	GSECH
江苏	1.0460	1.0120	1.0340	1.0030	1.0090
浙江	1.0510	1.0030	1.0480	1.0030	1.0000
安徽	1.0290	0.9960	1.0340	0.9980	0.9980
福建	1.0150	0.9850	1.0310	0.9860	0.9990
江西	1.0430	0.9960	1.0460	0.9980	0.9980
山东	1.0450	0.9970	1.0470	0.9950	1.0020
河南	1.0200	0.9770	1.0440	0.9760	1.0010
湖北	1.0430	1.0070	1.0350	1.0090	0.9980
湖南	1.0290	0.9940	1.0350	0.9960	0.9980
广东	1.0420	1.0010	1.0410	1.0000	1.0010
广西	1.0270	0.9760	1.0530	0.9780	0.9980
海南	1.0220	0.9920	1.0300	1.0000	0.9920
重庆	1.0580	1.0090	1.0490	1.0090	0.9990
四川	1.0410	1.0060	1.0340	1.0080	0.9990
贵州	1.0460	1.0140	1.0320	1.0110	1.0030
云南	1.0130	0.9800	1.0340	0.9830	0.9970
陕西	1.0550	1.0090	1.0460	1.0100	1.0000
甘肃	1.0260	0.9950	1.0320	0.9980	0.9970
青海	1.0300	0.9850	1.0460	1.0000	0.9850
宁夏	1.0500	0.9980	1.0520	0.9980	0.9990
新疆	1.0410	0.9830	1.0590	0.9850	0.9990

根据表 2-3,在样本期内我国各省份的 GML 指数和技术进步指数均达到了有效率状态,年均增长率都为正。相反,技术效率指数、纯技术效率指数和规模经济指数一直在前沿面上下波动,将近一半的省份达到前沿面及以上水平,一半的省份处于无效率状态,甚至年均保持负增长。这表现出两个方面的问题:一方面,技术进步在我国各个地区全要素生产率的提升中有

较大贡献和影响,各个地区在技术进步上的投资逐渐增加,越来越重视技术的升级与创新。另一方面,我国将近一半的地区技术效率、纯技术效率和规模经济效率没有达到生产前沿面水平,有三点原因:第一,部分地区在生产过程中所用的仪器设备的生产效率较低,需要一定的资金投入来进行旧仪器设备的更新改造,以此来提高效率;第二,部分地区在生产中,要素投入比例不合理,应该遵从生产函数的边际报酬递减规律,对要素投入进行合理分配;第三,部分地区的产业结构和能源消费结构不合理,没有达到规模经济,得不到规模效益,地方政府应该在这方面制定更加合理的政策并增大实施力度,以此实现规模经济。如果这些地区能够重视以上三个问题的改进,其全要素生产率将会有更大的提升,我国总体的能源环境效率水平也会得到显著的提高。

仔细来看,2000—2020 年全要素生产率增长幅度较高的三个地区依次为北京、天津和上海,其 GML 指数依次为 1.1000、1.0750 和 1.0650 。这三个地区的 GML 指数、GTECH 指数、GEFFCH 指数、GPEFFCH 指数和GSECH 指数均达到了效率水平。先来看北京,样本期内其全要素能源环境效率年均增长 10.00%,一方面归功于年均增长率 1.70% 的技术进步,另一方面归功于年均增长率为 1.10% 的规模效率。其次是天津,样本期内天津市的全要素生产率年均增长 7.50%。技术效率长期处于前沿面水平,其纯技术效率和规模效率变化不大,可见天津的技术效率提升潜力依然很大。上海在这一时期全要素能源环境效率年均增长 6.50%,且全要素能源环境效率分解指数均为 1。重庆的 GML 指数为 1.0580,排在第四位,其全要素能源环境效率增长主要来源于技术进步的增长,而技术效率及其分解指数整体处于前沿面上,没有明显增长。由此来看,2000—2020 年,我国四个直辖市的总体全要素能源环境效率年均增长率最高,这种快速的增长主要来源于技术进步。究其原因可以发现,作为其他地区领头羊的四个直辖市本身就有较好的区位优势和经济优势,有足够的人力资源和资金支持技术进步和创新,同时作为中央和地方的重点关注对象,这些地区的政策制定、实施以及监督都会更加合理和高效。

样本期内全要素生产率年均增长率较低的省份是黑龙江,其次是云南和福建,年均增长率由低到高依次为 0.50%、1.30%、1.50%。这三个省份全要素生产率较低的原因有两方面:一方面是在技术创新方面的投资较少,技术进步效率较低,如云南第二产业发展缓慢,对第二产业技术改进和创新重视不够;另一方面是技术效率未达到效率水平,甚至年均增长率为负。技术效率较低的原因,一是没有足够的资金投入到旧设备的改造升级上,导致纯技术效率较低;二是产业发展没有实现规模经济,得不到规模经济带来的经济效益。上述三个省份都没有达到规模经济,说明其产业结构和能源消费结构都存在一定的问题,需要制定合理的产业和能源消费政策,对其结构进行调整,以实现规模经济,提高全要素能源环境效率。

此外,从东、中、西部的区域划分来看,虽然中部和西部的 GDP 远不如东部,但西部省份和中部部分省份的全要素生产率水平却要略高于东部,究其原因,主要包含两个方面:一是进入 21 世纪以来,西部省份在国家支持下对于本地清洁能源如风能、太阳能等实现了有效开发和利用;二是 2000 年西部大开发战略与 2006 年中部崛起战略的提出形成了互补性政策支持。而东部地区 21 世纪初期 GDP 的迅速提升则来自能源大量消耗和人口红利。据本书计算,2000—2020 年,东部 10 个省份的能源消耗量占全国的近半数。而 2012—2020 年,中国各省份全要素生产率水平在稳步提升的基础上,逐渐趋于平衡,东部地区的全要素生产率水平显著上升,直观地说明了东部地区的经济转型取得了明显成效,并且与中西部的差距逐渐拉大。

综上所述,本书从省级层面对全要素能源环境效率进行了分析,得到以下结论。

(1)2000—2020 年,我国 30 个省份的全要素能源环境效率每年均保持不同幅度的增长,地区的技术进步指数均达到了效率状态,只有将近一半的地区技术效率达到了前沿面及以上水平。

(2)2000—2020 年,我国四个直辖市——北京、天津、上海和重庆的全要素能源环境效率年均增长率较高,分别居于第一、二、三、四位。全要素能源环境效率年均增长率较低的三个省份是福建、云南和黑龙江,增长幅度依次下降。

第三章　碳达峰约束下区域层面
全要素能源环境效率分析

上一章详细介绍了研究方法,并从国家和省级层面对全要素能源环境效率的测算结果进行分析。本章将以新的视角对能源环境效率展开更加深入的分析。以区域为研究对象,主要内容涉及三个方面:一是对我国区域划分演变历程及本书所采取的区域划分方式进行介绍;二是从区域层面对我国全要素能源环境效率变动情况进行分析;三是借助泰尔指数,定量测算和比较我国区域能源环境效率的差异。

第一节　区域划分方式

一、我国经济区域划分演变历程

20 世纪 50 年代,区域经济学的兴起促成了我国经济区域划分理论的诞生与发展。到目前为止,我国经济区域从不同的角度、不同的标准、不同的需要和目的进行的划分方式多达十余种。总体来看,我国经济区域划分的整个发展历程可以按照 1985 年和 1992 年这两个时间节点分为三个阶段。

第一阶段是 1950—1985 年,这一阶段的经济区划是在计划经济体制下进行的,目标明确,特别是中央加强区域集中控制,满足计划经济需要。当时划分经济区主要有四种方式:一是毛泽东在《论十大关系》中提出沿海和内陆区划,目前在研究区域经济关系时应用较多;二是六大行政区的划分,中央将全国划分为华东、华北、东北、中南、西南和西北六大经济区域,目的是缩小内地和沿海地区经济发展的不均衡,促进区域经济协调发展;三是为加强国防建设,中央将全国各地区按战略地位划分为一线、二线、三线地区;四是为建立独立的工业体系和国民经济体系,全国划分为新疆、山东、福建、江西、华南、华北、华东、东北、中原、西南、西北。

第二阶段是1985—1992年,这一阶段中央已经认识到了计划经济的弊端和实现区域经济均衡发展的困难,由以"计划"占主导进行经济决策转为以"市场"占主导的经济决策,中央提出了允许一部分地区和人民先富起来,再实现先富带动后富以达到共同富裕。这一阶段最具有代表性的区域划分方式是中央在"七五"计划中提出的将我国划分为中部、东部和西部三大地带,目的是将经济建设的重心向东部转移,通过实行国家扶持政策优先发展东部地区,再由东部地区带动中西部地区发展。在这种划分方式下制定的区域政策对我国的经济发展有很大的促进作用,但是由于政策的倾斜性较大,再加上各地区独特的区位特征,导致我国整体的区域经济发展仍然存在很大的不协调。可见,这种区域划分方式是粗糙的,在经济政策制定中只能体现出一个比较宏观的布局。

第三阶段是1992年至今,这一阶段的经济区域划分更加注重区域之间和区域内部的协同合作,有利于要素在各地区、各区域甚至全国内进行自由流动,各区域能够发挥自己特有的区位优势并充分利用独有的资源,对于实现区域经济协调发展更加高效。学者们从不同的角度对我国进行了经济区域的划分,如杨吾扬和梁进社(1992)提出的十大经济区的划分,魏后凯(1998)提出的沿海、沿边地区和内陆腹地三大经济带划分,王建(1996)提出的九大都市圈的划分,李善同和侯永志(2003)提出的八大社会经济区域的划分等。

二、基于九大原则的省级的区域划分

李善同和侯永志认为,经济区域的划分不仅要遵循区域社会经济的发展规律,还要便于区域发展问题的研究和区域政策的制定。为了满足这些要求,经济区域的划分必须考虑到九大原则,具体内容见表3-1。

表3-1　区域划分九大原则

	九大原则内容
一	空间上相互毗邻
二	自然条件、资源禀赋结构相近

续表

	九大原则内容
三	经济发展水平接近
四	经济上相互联系密切或面临相似的发展问题
五	社会结构相仿
六	区块规模适度
七	适当考虑历史延续性
八	保持行政区划的完整性
九	便于进行区域研究和区域政策分析

本书参考李善同和侯永志基于九大原则所提出的区域划分方法,将我国大陆划分为八个经济区域,具体包括东部沿海地区、南部沿海地区、北部沿海地区、东北地区、西北地区、西南地区、黄河中游地区以及长江中游地区,并进一步以这八个经济区域为研究对象。八大经济区域具体包含省份见表 3-2。

表 3-2　八大经济区域划分及其包含的省份

	包含的省份
东北地区	辽宁省、吉林省、黑龙江省
北部沿海地区	北京市、天津市、河北省、山东省
东部沿海地区	上海市、江苏省、浙江省
南部沿海地区	福建省、广东省、海南省
黄河中游地区	山西省、内蒙古自治区、河南省、陕西省
长江中游地区	安徽省、江西省、湖北省、湖南省
西南地区	广西壮族自治区、重庆市、四川省、贵州省、云南省
西北地区	甘肃省、青海省、宁夏回族自治区、新疆维吾尔自治区、西藏自治区

采取这种经济区域划分方式有四点好处:一是这种经济区域划分方式考虑了各个地区的区位优势和资源禀赋。本书所研究的能源资源是具有较大地域性特征的,该资源禀赋是由地理位置决定的,因此在研究各地区能源环境效率区域差异时必须要考虑区位因素。二是这种划分方式所得到的每

个经济区域内的省份经济发展水平是一致的,在经济发展中密切联系并且面临的经济问题往往是类似的。因此,采取这种区域划分方式在进行能源环境效率区域内部差异比较时更加准确。三是在这种划分方式中,各个区域在空间上毗邻,区块规模适度,这样进行能源环境效率区域差异比较也会更加合理和可信,以此来制定相应的经济区域政策会便于实施和提高效率。四是大多数关于能源环境效率区域层面的研究都是以东部、中部和西部三大区域作为研究对象,这种三大地带的区域划分方式较为粗糙,受不可控因素影响所导致的能源环境效率区域内和区域间差异较大,研究的结果并不是很准确。因此,本书选用八大经济区域作为研究对象,得出的研究结论更有针对性和可比性。

第二节　我国区域全要素能源环境效率差异实证分析

一、八大经济区域能源环境效率差异定性分析

借助上文计算得出的 2000—2020 年我国省级层面 GML 指数及其分解指数,按照本书所采取的经济区域划分方式,通过计算和整理可以得到 2000—2020 年我国八大经济区域 Global Malmquist-Luenberger 指数及其分解指数均值,结果见表 3-3 和表 3-4。根据表 3-3,2000—2020 年,我国八大经济区域中全要素能源环境效率增长率由高到低依次为北部沿海地区、东部沿海地区、东北地区、长江中游地区、西南地区、黄河中游地区、南部沿海地区、西北地区。

表 3-3　2000—2020 年我国八大经济区域 GML 指数及其分解指数均值

	GML	GTECH	GEFFCH	GPTEFFCH	GSECH
北部沿海地区	1.0758	1.0759	0.9999	0.9954	1.0045
东部沿海地区	1.0821	1.0768	1.0049	1.0020	1.0030
东北地区	1.0690	1.0867	0.9837	0.9844	0.9993
长江中游地区	1.0820	1.0816	1.0004	1.0002	1.0002

续表

	GML	GTECH	GEFFCH	GPTEFFCH	GSECH
西南地区	1.0831	1.0893	0.9943	0.9890	1.0054
黄河中游地区	1.0636	1.0805	0.9913	0.9930	0.9983
南部沿海地区	1.0506	1.0506	1.0000	1.0000	1.0000
西北地区	1.0592	1.0727	0.9874	0.9822	1.0052

表 3-4　2000—2020 年我国八大经济区域 GML 指数

年份	东北地区	北部沿海地区	东部沿海地区	南部沿海地区	黄河中游地区	长江中游地区	西南地区	西北地区
2000—2001	1.0666	1.0525	1.0759	1.2801	1.0184	1.0483	1.0353	1.0414
2001—2002	1.0611	1.0387	1.0437	0.8128	1.0272	1.0260	1.0259	1.0404
2002—2003	1.0561	1.0690	1.0597	1.0085	1.0527	1.0379	1.0027	1.0144
2003—2004	1.0663	1.0556	1.0515	1.0767	1.0489	1.0394	1.0179	1.0475
2004—2005	1.0842	1.0704	1.0481	1.1265	1.0710	1.0427	1.0535	1.0574
2005—2006	1.0950	1.0960	1.0956	0.9817	1.0770	1.0797	1.0666	1.0627
2006—2007	1.1019	1.1034	1.1118	1.0422	1.1119	1.0962	1.0908	1.0815
2007—2008	1.1032	1.0997	1.0872	1.0859	1.0952	1.1021	1.0718	1.0754
2008—2009	1.1006	1.1015	1.0906	1.0683	1.0908	1.1020	1.0866	1.0549
2009—2010	1.0980	1.0875	1.0779	1.1015	1.0944	1.1007	1.0977	1.0774
2010—2011	1.0870	1.0997	1.0732	1.0465	1.0711	1.0897	1.0932	1.0349
2011—2012	1.0828	1.0895	1.1272	1.0904	1.0844	1.1086	1.1067	1.0638
2012—2013	1.0980	1.1325	1.1460	1.1463	1.0998	1.1259	1.1469	1.0569
2013—2014	1.0510	1.0840	1.0370	1.0535	1.0594	1.1067	1.0998	1.0614
2014—2015	1.0625	1.0899	1.1439	1.0746	1.0698	1.1099	1.1481	1.0667
2015—2016	1.0170	1.0432	1.0350	0.9876	1.0305	1.0909	1.1009	1.0712
2016—2017	1.0281	1.0489	1.1418	1.0073	1.0406	1.0941	1.1493	1.0762
2017—2018	0.9841	1.0039	1.0332	0.9258	1.0023	1.0754	1.1021	1.0811

续表

年份	东北地区	北部沿海地区	东部沿海地区	南部沿海地区	黄河中游地区	长江中游地区	西南地区	西北地区
2018—2019	1.0539	1.0122	1.0376	1.0207	1.0242	1.0463	1.1022	1.0682
2019—2020	1.0841	1.1394	1.1266	1.0299	1.1030	1.1177	1.0640	1.0502
均值	1.0690	1.0758	1.0821	1.0506	1.0636	1.0820	1.0831	1.0592

　　北部沿海地区包括北京市、天津市、河北省和山东省。从北部沿海地区来看,该经济区域全要素能源环境效率年均增长率为7.58%,其中技术进步年均增长率为7.59%,可见技术进步的大幅度增长带动了全要素能源环境效率的快速提高。虽然北部沿海地区的全要素能源环境效率年均增长率比较高,但是技术效率未处于生产前沿面水平。技术效率指数等于纯技术效率指数乘以规模效率指数,从表3-3中可以看出,纯技术效率较低是导致技术效率无效率的原因。从表3-4中可以看出,北部沿海地区的纯技术效率指数均值为0.9954,平均每年保持0.46%的降幅。纯技术效率主要受工业生产所使用的仪器设备本身所决定的生产率的影响,如果仪器设备长时间得不到改造升级,纯技术效率便会下降。结合现实,在样本期内,北部沿海地区一直是以资源型、高能耗、高污染的工业作为产业主体,虽然河北省技术进步率较大,但是缺乏对工业生产使用的仪器设备优化升级的重视,不仅降低了生产率水平,还会增加污染物的排放,从整体上影响了全要素能源环境效率的提升。

　　东部沿海地区全要素能源环境效率年均增长率为8.21%,其中技术进步年均增长率为7.68%,技术效率年均增长率为0.49%,技术进步增长率是技术效率增长率的数十倍以上,可见全要素生产率的增长主要来源于技术进步。该经济区域不仅技术效率达到了效率水平,其分解指数纯技术效率和规模效率也都达到了效率水平。总体来说,东部沿海地区全要素生产率指数及其分解指数比较均衡,都达到了效率水平,每年保持稳定的增长。可见,在样本期内,经济较发达的东部沿海地区通过实施沿海发展战略,不仅带来了技术进步与创新,在产业结构和生产设备上也得到了优化升级,使区域经济可持续发展和节能减排更加协调。长江中游地区和南部沿海地区的指数结构与东部沿海地区类似,GML指数、技术进步指数、技术效率指数、纯技术效率指数和规模效率指数都达到了效率水平,年均增长率为正。但是长江中游地区和南部沿海地区的技术效率及其分解指数只是达到了生产前沿面水平,增长潜力依然较大。从长江中游地区来看,受地理位置影响,该地区借助于其上下游经济带的资源和优势,形成了以汽车、机械制造、电子信息和钢铁为主的工业产业结构,大部分工业是高能耗、高污染的,不利于能源环境效率的提升,再加上地区产业结构的趋同发展,部分省份在某些工业生产中并不能实现规模经济,也不利于规模经济的实现。因此,该地方政府可以对地区产业结构进行一定的调整,加大对高能耗、高污染企业的监督和管理,通过实施吞并、重组等措施以实现规模经济,同时大力发展第三产业,推动地区能源环境效率的进一步提升。南部沿海地区一直是高新技术产业的制造中心,借助国内外的"绿色科技"进行制造业生产,能源消耗低,污染物排放少。因此,南部沿海地区应该继续借助其高科技的优势,增加技术投入,加快技术进步与创新,进一步提高能源利用效率,促进经济向着绿色可持续的方向发展。

样本期内,东北地区全要素能源环境效率指数为1.0690。从表3-3中可以看出,东北地区的技术进步年均增长率是八大经济区域中数值比较大的,年均增长8.67%。这主要与中央为了扶持东北地区的经济发展,在"十五"期间提出的"振兴东北老工业基地"战略有关,战略的实施使东北地区的经济发展水平得到了很大的提高,技术进步也取得了显著成效。虽然东北三省的经济发展状况得到了很大的改善,但是由于该地区积累的问题较严重,资源的枯竭、人口的快速外流、产业结构升级换代难度大等都需要长期的振兴战略的实施才能得以解决,所以短期内效果不是很明显,纯技术效率和规模效率难以达到生产前沿面水平。但是随着政策的深入和有效实施,东北地区的技术效率是可以得到改善的。与东北地区指数类似的还有黄河中游地区,但后者要低于东北地区,主要原因是黄河中游地区科技进步年均增速低于东北地区。结合黄河中游地区实际来看,其经济区内拥有国内最大的煤炭开采及深加工基地、天然气和水能开发基地、钢铁及部分有色金属产业基地,形成了以第二产业为核心的产业结构。一方面,这种产业结构本身就决定了黄河中游地区能源消费量大,二氧化碳排放量高,使整个区域的全要素能源环境效率与其他经济区域相比偏低;另一方面,以重工业生产为主的工业企业对技术水平和规模水平有较高的要求。从表3-3中可以看出,黄河中游地区的纯技术效率和规模效率均没有达到生产前沿面水平,甚至年均保持负增长。综上,黄河中游地区应该重视该经济区域的产业结构升级优化,并加大对仪器设备改造升级、技术进步和创新资金的投入,从根本上扭转该地区全要素生产率过低的局势。

西南地区和西北地区的全要素能源环境效率的年均增长率分别为8.31%和5.92%。这两个经济区域的指数构成有以下几个共同点:(1)两个经济区域能源环境效率增长的来源都是技术进步。"十五""十一五"和"十二五"期间,我国加大对西部地区能源领域技术的研发和资金的投入,使得样本期内西南地区和西北地区的技术取得了很大的进步;西南地区技术进步年均增长率大于西北地区,从而西南地区全要素能源环境效率年均增长率大于西北地区。(2)两个经济区域技术效率均未达到生产前沿面水平,年均负增长,主要原因是这两个地区的纯技术效率都在恶化,其中西南地区纯技术效率保持年均1.10%降幅,而西北地区纯技术效率保持年均1.78%的降幅,说明这两个经济区域虽然有技术进步,但是忽视了对高能耗、高污染的生产设备进行改造升级。(3)西南地区和西北地区规模效率指数均大于1,虽然年均增长缓慢,但处于有效率状态,这进一步说明了样本期内我国实施的"西部大开发"战略在两个经济区域产业结构优化升级中都取得了显著成效,而产业结构的优化又带来了规模经济效益,推动了生产前沿面向外扩张,实现了全要素能源环境效率的提高。

从更宏观的角度来看,东部地区全要素能源环境效率增长最快,中部地区次之,西部地区最慢,这与大多数学者的研究结论一致(具体数值见表3-5)。无论是东部省份还是中西部省份,全要素生产率水平都呈现出"低速、高速、低速"的三阶段发展特征。我国的区域经济发展战略虽然带来经济增长速度的迅速提升,但是对提升各个省份的全要素生产率水平并未起到有效的推动作用,并且在技术水平、教育水平、地理位置等因素的影响下,省份之间、区域之间的差距也在逐渐拉大。结合现实情况,西部地区全要素能源环境效率较低主要有以下三个原因:第一,西北地区区位优势明显,拥有丰富的能源资源,是我国重要的能源基地。该地区凭借这种丰富的能源资源,建成了大量高能耗、高污染的产业,形成了粗放型的能源消费模式。第二,西部地区经济发展水平相对东部地区要落后很多,为了发展经济,当地政府通过大量优惠政策吸引了许多从东部地区转移过来的能源密集型产业,使得西部地区能源环境效率低下,不利于能源消费模式的转型。第三,虽然"西部大开发"战略对于西部地区经济发展有很大的推动作用,但是政策总是有利有弊,如"西电东送"战略中,由于西部地区在生产电力的过程中会排放大量二氧化碳,而这种电力的消费却是在东部地区,使得西部地区的全要素能源环境效率被低估,而东部地区被高估。

表3-5 2000—2020年我国三大地带GML指数均值及其分解均值

	GML	GTECH	GEFFCH	GPTEFFCH	GSECH
东部地区	1.0780	1.0795	0.9986	0.9964	1.0022
中部地区	1.0772	1.0835	0.9941	0.9955	0.9986
西部地区	1.0681	1.0763	0.9923	0.9875	1.0049

二、八大经济区域能源环境效率差异定量分析

从上一节的分析中可以看出,在样本期内我国八大经济区域的全要素能源环境效率增长情况有很大差异。本节将借助一定的指标定量测算八大经济区域全要素能源环境效率的差异大小,并分析区域差异随时间变化的趋势,展开更有说服力的论证。

(一)泰尔指数法

虽然全要素能源环境效率能够很好地反映各地区能源环境效率的大小,但想要比较和分析不同区域之间能源环境效率的差距,除了定性分析简单描述差异大小之外,还需要借助一定的指标来进行定量分析。目前有学者将测算经济增长差异或者收入差异的指标运用在能源环境效率差异的测算中,常见的测算指标有平均方差、变异系数、洛伦兹曲线、基尼系数、泰尔指数等。其中泰尔指数在能源环境效率区域差异分析中应用最为广泛,一方面,泰尔指数在分析区域差异时不会受到区域个数的限制和影响,可以运用在任何区域个数的差异分析中;另一方面,泰尔指数测算的区域差异,不仅有总体区域差异,还包括由总体区域差异分解得到的区域间差异和区域内的差异,便于分析区域间差异和区域内差异对总体区域差异的影响。综上所述,本书运用泰尔指数来测算能源环境效率的区域差异。

泰尔指数是由荷兰经济学家泰尔提出来的,当时被用于测算各国收入差距。泰尔对不同国家进行了区域划分,分析了不同区域总体收入水平差距、区域间收入水平差距和区域内部收入水平差距。其定义为:

$$T = \Sigma_i \left(\frac{Y_i}{Y} \right) T_i + \Sigma_i \left(\frac{Y_i}{Y} \right) \ln \left(\frac{Y_i / Y}{N_i / N} \right)$$

$$T_a = \Sigma_i \left(\frac{Y_i}{Y} \right) T_i$$

$$T_b = \Sigma_i \left(\frac{Y_i}{Y} \right) \ln \left(\frac{Y_i / Y}{N_i / N} \right)$$

其中，T 表示所有国家收入水平的总体差异，i 表示区域个数，Y_i 表示区域 i 的收入水平，Y 表示所有国家的总收入水平，T_i 表示区域 i 内部收入水平差异，N_i 表示区域 i 内的人口，N 表示所有国家的总人口，T_a 表示所有国家收入水平的区域内差异，T_b 表示所有国家收入水平的区域间差异。

按照泰尔指数定义的思路，可以利用泰尔指数定量测算能源环境效率的区域差异。可对泰尔指数进行适当调整，以能源消费量代替收入水平，以GDP 代替人口数，可以将泰尔指数公式转化为：

$$T = \Sigma_i \left(\frac{E_i}{E} \right) T_i + \Sigma_i \left(\frac{E_i}{E} \right) \ln \left(\frac{E_i / E}{G_i / G} \right)$$

$$T_a = \Sigma_i \left(\frac{E_i}{E} \right) T_i$$

$$T_b = \Sigma_i \left(\frac{E_i}{E} \right) \ln \left(\frac{E_i / E}{G_i / G} \right)$$

$$T_i = \Sigma_j \left(\frac{E_{ij}}{E_i} \right) \ln \left(\frac{E_{ij} / E_i}{G_{ij} / G_i} \right) = \Sigma_j \left(\frac{E_{ij}}{E_i} \right) \ln \left(\frac{G_i / E_i}{G_{ij} / E_{ij}} \right)$$

$$T = T_a + T_b$$

其中，T 代表总体泰尔指数，即全国能源环境效率区域差异；T_a 和 T_b 分别为区域内和区域间的泰尔指数，即能源环境效率区域内部差异和能源环境效率区域间差异；T_i 为区域 i 的泰尔指数，即区域 i 内部的能源环境效率差异；E 代表能源消耗总量，E_i 代表区域 i 的能源消耗量，E_{ij} 代表区域 i 中 j 省的能源消耗量；G 为样本期内全国实际 GDP，G_i 是区域 i 样本期内实际 GDP，G_{ij} 为区域 i 中 j 省的样本期内实际 GDP。其中 G_i / E_i 就代表区域 i 的能源环境效率，G_{ij} / E_{ij} 就代表区域 i 中 j 省的能源环境效率。结合本书上述的研究方法，用样本期内各地区 GML 指数代替能源环境效率，可将泰尔指数进一步转化为：

$$T = \sum_i \left(\frac{E_i}{E}\right) T_i + \sum_i \left(\frac{E_i}{E}\right) \ln\left(\frac{E_i/E}{G_i/G}\right)$$

$$= \sum_i \left(\frac{E_i}{E}\right) T_i + \sum_i \left(\frac{E_i}{E}\right) \ln\left(\frac{GML}{GML_i}\right)$$

$$T_a = \sum_i \left(\frac{E_i}{E}\right) T_i$$

$$T_b = \sum_i \left(\frac{E_i}{E}\right) \ln\left(\frac{GML}{GML_i}\right)$$

$$T_i = \sum_j \left(\frac{E_{ij}}{E_i}\right) \ln\left(\frac{G_i/E_i}{G_{ij}/E_{ij}}\right) = \sum_j \left(\frac{E_{ij}}{E_i}\right) \ln\left(\frac{GML_i}{GML_{ij}}\right)$$

其中，GML 为样本期内全国全要素能源环境效率，GML_i 为样本期内区域 i 的全要素能源环境效率，GML_{ij} 为样本期内区域 i 中 j 省的全要素能源环境效率。

（二）总体能源环境效率差异分析

按照本书泰尔指数的定义，通过计算和整理得到表 3-6 和表 3-7。

表 3-6　2000—2020 年我国经济区域泰尔指数

年份	总体泰尔指数（T）	区域内泰尔指数（T_a）	区域间泰尔指数（T_b）
2000—2001	0.0269	0.0202	0.0067
2001—2002	0.0373	0.0293	0.0080
2002—2003	0.0149	0.0098	0.0051
2003—2004	0.0046	0.0040	0.0006
2004—2005	0.0153	0.0142	0.0011
2005—2006	0.0146	0.0096	0.0049
2006—2007	0.0108	0.0072	0.0036
2007—2008	0.0061	0.0046	0.0015
2008—2009	0.0069	0.0035	0.0034
2009—2010	0.0037	0.0035	0.0002
2010—2011	0.0110	0.0065	0.0045
2011—2012	0.0077	0.0060	0.0017
2012—2013	0.0138	0.0103	0.0035

续表

年份	总体泰尔指数（T）	区域内泰尔指数（T_a）	区域间泰尔指数（T_b）
2013—2014	0.0100	0.0087	0.0013
2014—2015	0.0104	0.0081	0.0023
2015—2016	0.0074	0.0066	0.0008
2016—2017	0.0078	0.0063	0.0015
2017—2018	0.0057	0.0052	0.0005
2018—2019	0.0054	0.0041	0.0013
2019—2020	0.0043	0.0033	0.0010

表 3-7　2000—2020 年我国八大经济区域泰尔指数

年份	东北地区	北部沿海地区	东部沿海地区	南部沿海地区	黄河中游地区	长江中游地区	西南地区	西北地区
2000—2001	0.0032	0.0187	0.0004	0.1667	0.0017	0.0029	0.0037	0.0037
2001—2002	0.0085	0.0322	0.0007	0.2198	0.0008	0.0032	0.0079	0.0063
2002—2003	0.0065	0.0132	0.0009	0.0407	0.0024	0.0022	0.0119	0.0080
2003—2004	0.0023	0.0014	0.0037	0.0177	0.0026	0.0047	0.0029	0.0002
2004—2005	0.0013	0.0155	0.0061	0.0814	0.0031	0.0075	0.0071	0.0018
2005—2006	0.0005	0.0008	0.0005	0.0911	0.0019	0.0009	0.0018	0.0003
2006—2007	0.0010	0.0056	0.0028	0.0542	0.0006	0.0016	0.0001	0.0004
2007—2008	0.0017	0.0126	0.0044	0.0030	0.0021	0.0021	0.0019	0.0032
2008—2009	0.0012	0.0100	0.0018	0.0038	0.0001	0.0009	0.0022	0.0081
2009—2010	0.0008	0.0009	0.0030	0.0135	0.0009	0.0015	0.0045	0.0111
2010—2011	0.0007	0.0148	0.0039	0.0140	0.0018	0.0012	0.0067	0.0078
2011—2012	0.0046	0.0100	0.0109	0.0076	0.0016	0.0033	0.0009	0.0118
2012—2013	0.0006	0.0199	0.0173	0.0202	0.0001	0.0063	0.0052	0.0117
2013—2014	0.0014	0.0104	0.0278	0.0144	0.0001	0.0034	0.0043	0.0056
2014—2015	0.0065	0.0161	0.0018	0.0261	0.0012	0.0060	0.0051	0.0011
2015—2016	0.0091	0.0259	0.0002	0.0896	0.0009	0.0109	0.0289	0.0001
2016—2017	0.0011	0.0515	0.0004	0.2382	0.0001	0.02082	0.1669	0.0001

续表

年份	东北地区	北部沿海地区	东部沿海地区	南部沿海地区	黄河中游地区	长江中游地区	西南地区	西北地区
2017—2018	0.0120	0.0210	0.0002	0.0033	0.0006	0.0030	0.0077	0.0001
2018—2019	0.0015	0.0184	0.0003	0.0029	0.0005	0.0021	0.0053	0.0001
2019—2020	0.0019	0.0218	0.0002	0.0102	0.0003	0.0119	0.0083	0.0001
均值	0.0043	0.0160	0.0043	0.0559	0.0011	0.0041	0.0141	0.0041

从表 3-6 中可以看出,我国总体泰尔指数由 2001 年的 0.0269 下降至 2020 年的 0.0043,下降幅度达 84.01%,区域内和区域间泰尔指数则分别下降 83.66% 和 85.07%,表明我国的整体能效差异、区域内能效差异和区域间能效差异在研究期间均呈下降趋势,不同区域之间的能效差异更为显著。从区域内和区域间泰尔指数来看,区域内泰尔指数始终大于区域间泰尔指数,而且大多数年份区域内泰尔指数是区域间泰尔指数的两倍以上,表明区域内能效差异是研究期内整体能效差异的主导原因,其对整体能效差异的贡献更大。此外,随着区域能效差异的显著减小,整体能效差异和八大经济区域的能效差异将更加接近。相反,区域能效差异对整体能效差异的贡献会越来越小,这与部分学者关于能效区域差异的研究结论一致,如宁亚东等 (2014)、唐建荣和王清慧(2013)、杜克锐和邹楚沅(2011)。

(三)区域能源环境效率差异变化分析

基于我国八大经济区域总体、区域内和区域间泰尔指数的数据绘制图 3-1,为了便于观察我国八大经济区域能源环境效率差异的变化,本书分 "2001—2007 年""2008—2013 年"和"2014—2020 年"这三个阶段对当期区域能源环境效率差异的变化进行分析。

1."2001—2007 年"区域能源环境效率差异变化

由图 3-1 可知,在"2001—2007 年"期间,八大经济区域总体能源环境效率差异、区域内能源环境效率差异和区域间能源环境效率差异的波动较大。 2001—2002 年,泰尔指数呈现出快速上升的趋势;2002—2004 年,泰尔指数呈现出快速下降的趋势;2004—2005 年,泰尔指数又呈现出快速上升的趋势;2005—2007 年,泰尔指数则出现明显的下滑。泰尔指数分别在 2002 年和 2004 年达到整个研究期内的最大值和较小值。

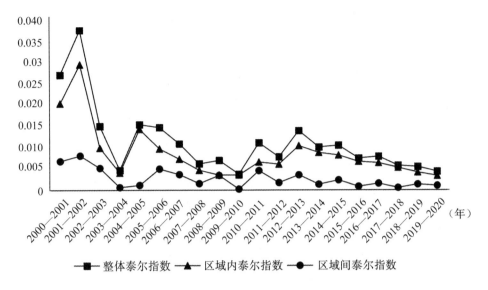

图 3-1　2000—2020 年我国八大经济区域泰尔指数及其分解指数走势

总体泰尔指数是区域内泰尔指数和区域间泰尔指数的和。在泰尔指数快速上升到最大值的阶段,从区域内泰尔指数来看,南部沿海地区和北部沿海地区泰尔指数增长最快,均达到了该地区整个样本期内的最大值,其中南部沿海地区泰尔指数接近总体区域内泰尔指数的 8 倍,正是南部沿海地区和北部沿海地区较大的区域内能源环境效率差异拉升了区域内能源环境效率的差异。从区域间泰尔指数来看,2001—2002 年我国八大经济区域 GML 指数最大值与最小值之间差距较大,能源环境效率年均增幅或者年均降幅相对于总体平均水平过高,两者的差异较大,使得区域间能源环境效率差异水平达到最大。在 2002—2004 年泰尔指数快速下降的阶段,受益于"振兴东北老工业基地"和"西部大开发"战略的支持和实施,东北地区、西北地区和西南地区工业生产的技术水平以及生产设备效率都得到快速提升,区域内部各省份的能源环境效率水平逐渐趋同,使得各地区区域内能源环境效率差异迅速下降。这三个地区能源环境效率水平的提升又进一步减少了与经济水平较高的东部沿海地区、北部沿海地区的能源环境效率的差距,使得八大经济区域之间能源环境效率的差异下降。因此,区域总体能源环境效率的差异得到大幅度下降。在 2004—2005 年泰尔指数开始反弹的阶段,受限于地理位置和经济发展水平,各地区能源环境效率增长率出现比较大的差异,区域内能源环境效率差异和区域间能源环境效率差异均出现不同幅度的上升,总体区域能源环境效率差异上升。

2."2008—2013 年"区域能源环境效率差异变化

在 2008—2010 年,我国区域总体能源环境效率差异、区域内和区域间能源环境效率差异整体上呈现出明显的下降趋势。总体泰尔指数由 2007 年的 0.0108 下降到 2010 年的 0.0037,下降幅度高达 65.74%,区域内和区域间泰尔指数也分别下降了 63.54% 和 95.92%。这说明在"十一五"规划期间,我国各区域和各地区能源环境效率水平得到了很大的改善,一些能源环境效率较低的区域和地区迎头赶上,自身与能源环境效率水平较高的区域和地区之间的差异越来越小。在"十一五"规划末期,总体泰尔指数、区域内和区域间泰尔指数实现了整个研究期内的最小值,可见,在此期间我国节能减排的工作取得了很大的成效。从区域内泰尔指数来看,由图 3-1 可知,2009 年和 2010 年八大经济区域的区域内泰尔指数均为样本期内的最小值,说明这两年八大经济区域内部能源环境效率差异都实现了样本期内相对较小的水平。从区域间泰尔指数来看,2010 年八大经济区域的区域间泰尔指数为 0.0002,是整个研究期内的最小值。根据泰尔指数的定义,泰尔指数越接近 0,说明差异越小,可见 2010 年我国总体区域间能源环境效率几乎实现了无差异。然而,2010—2013 年,泰尔指数则出现明显反弹,地区间能源环境效率差异随之扩大。

3."2014—2020 年"区域能源环境效率差异变化

在"十二五"规划期间,我国总体泰尔指数及其分解指数经历了两个阶段的波动,最后趋于平稳。第一阶段的波动在 2010—2013 年期间总体泰尔指数快速增长,2011 年总体泰尔指数达到 2010 年的三倍,主要在于当年我国八大经济区域中大部分地区全要素能源环境效率增长率都呈现出不同程度的下降,使得各区域 GML 指数相对于总体均值来说分布更加分散,导致了区域间能源环境效率的差异变大。此外,2011 年区域内泰尔指数与 2010 年相比将近翻了一番,2011 年八大经济区域各自的区域内部能源环境效率差异变大,其中北部沿海地区泰尔指数由 2010 年的 0.0009 增长到 2011 年的 0.0148。2011—2012 年泰尔指数有所下降,其中区域间能源环境效率差异的下降幅度要大于区域内能源环境效率差异的下降幅度。第二阶段波动在 2013 年之后,我国能源环境效率区域差异呈现出先下降后平稳的趋势,区域内差异和区域间差异的走势与总体区域差异的走势相同。从整体上来看,在"十二五"期间,我国能源环境效率的区域差异变化不大,但相对"十一五"期间区域能源环境效率差异来说有所增加。可见,虽然"十二五"规划期间我国各区域全要素能源环境效率得到了提高,但是这种增长是不均衡的,只是部分地区的快速增长带动整体增速的提高,而没有达到所有地区全要素能源环境效率增速的全面提高。

（四）区域内部能源环境效率差异分析

根据本书对泰尔指数的定义,可以计算出样本期内八大经济区域各自的泰尔指数,这个"泰尔指数"是指该区域内部各省份之间的能源环境效率差异。由计算结果可知,2000—2020年,八大经济区域中能源环境效率内部差异由大到小依次为南部沿海地区、北部沿海地区、西南地区、西北地区、东部沿海地区、长江中游地区、东北地区和黄河中游地区。由于八大经济区域泰尔指数数值差异较大并且样本较多,在同一个折线图中无法清晰地观察每个区域内部能源环境效率差异的变化,因此,本书按照区域内部能源环境效率差异波动大小,将八大经济区域分为三组,分别进行说明:第一组是南部沿海地区和北部沿海地区,第二组是东部沿海地区、长江中游地区、西南地区和西北地区,第三组是东北地区和黄河中游地区。

1.南部沿海地区和北部沿海地区

南部沿海地区和北部沿海地区泰尔指数的走势如图3-2所示。从南部沿海地区来看,由于该地区泰尔指数均值是八大经济区域中最大的,故南部沿海地区能源环境效率内部差异在八大经济区域总体区域内能源环境效率差异中占主导地区,其走势图与总体区域内泰尔指数走势图一致。南部沿海地区有广东省、福建省和海南省,从三个地区的产业发展状况来看,广东省和福建省以基于高新技术的轻工业为第二产业主体,能源环境效率较高,而海南省是以旅游业等第三产业为主,第二产业的发展水平相对滞后,能源环境效率较低并且波动很大,这就使得三省之间的能源环境效率形成了比较大的差距。从北部沿海地区来看,该地区能源环境效率差异的波动较大。由于该地区既包含北京和天津这两个经济发展水平比较高、对能源依赖程度较低的直辖市,又包含河北和山东这两个工业化发展水平较高、对能源依赖程度较高的省份,受到经济增长和国内外政策变化的影响,不同地区的能源环境效率会发生不同的变化,使得整个区域的能源环境效率差异波动较大。

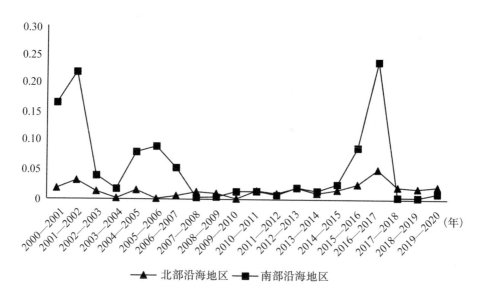

图 3-2　2000—2020 年南部沿海地区和北部沿海地区泰尔指数走势

2.东部沿海地区、长江中游地区、西南地区和西北地区

图 3-3 是我国八大经济区域中泰尔指数均值比较相近的四个区域的泰尔指数走势情况,虽然样本期内四个区域的泰尔指数变化各异,但最终都趋于比较低的水平。从长江中游地区来看,该地区泰尔指数在样本期内波动相对较小,区域内各个省份的产业结构和经济增长对能源的依赖程度比较相似,使得各个省份之间能源环境效率差异变化不大。从西南地区来看,该地区的能源环境效率差异在"十五"期间的波动较大,该时期重庆市、四川省等工业化水平较高,对能源利用效率比较重视,而贵州省、云南省等技术水平比较落后、能源环境效率低下,导致该区域能源环境效率呈现出两极分化的态势。随着国家"十一五"规划和"十二五"规划对节能减排工作重心的调整,再加上"西部大开发"战略的支持,能源环境效率较低的地区迎头赶上,西南地区内部能源环境效率差异变小并逐渐趋于平稳。从东部沿海地区来看,研究期初,该区域凭借较高的经济发展水平和技术水平,区域内江苏省、浙江省和上海市的能源环境效率不仅较高而且彼此接近,使得整个区域内部的能源环境效率差异较小。2011 年之前,东部沿海地区泰尔指数虽有波动但相对来说比较平稳,2011 年之后,该区域泰尔指数迅速上升,于 2014 年达到最高水平后又迅速下降。从西北地区来看,该区域泰尔指数在整个样

本期内波动较大,在"西部大开发"战略实施初期,西北地区能源环境效率差异较大,但随着战略的深入落实,部分能源环境效率较低的地区迎头赶上,缩小了与其他地区能源环境效率的差距,使得整个区域的能源环境效率差异减小。2008 年之后,西部地区内部能源环境效率差异增加,主要原因是在经济快速发展过程中,部分省份不注重仪器设备的改造升级,导致技术效率下降,技术效率下降使能源环境效率增长率大幅度下降甚至出现负增长,区域内部能源环境效率差距增加。

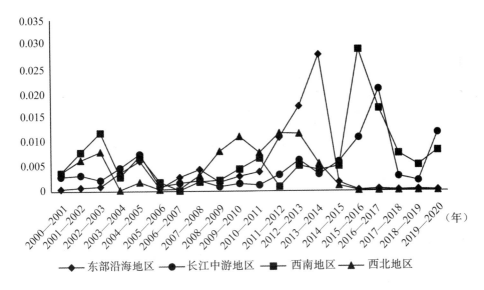

图 3-3　2000—2020 年东部沿海地区、长江中游地区、西南地区和西北地区泰尔指数走势

3.东北地区和黄河中游地区

图 3-4 是我国八大经济区域中泰尔指数最小的两个区域的泰尔指数的走势情况。其中,黄河中游地区是八大经济区域中能源环境效率内部差异最小的区域,该地区泰尔指数均值为 0.0009,几乎实现了无差异。从图 3-4 中可以看出,黄河中游地区能源环境效率内部差异不仅数值小,而且波动较小,说明在样本期内该区域能源环境效率增长较为均衡。东北地区能源环境效率差异大小及波动程度都要略大于黄河中游地区,在 2003 年之前,由于辽宁省和黑龙江省的能源环境效率增幅较大,而吉林省由于技术效率较低使得能源环境效率增幅较小,导致东北地区能源环境效率差异有所上浮。随着 2003 年"振兴东北老工业基地"战略的实施,各省份的能源环境效率逐

渐实现了均衡增长,东北地区能源环境效率差异减小。2012 年之后,吉林省中部城市群发展战略和延边经济发展战略的实施,又带来了能源环境效率增幅的进一步提升,而辽宁省和黑龙江省的增幅相对下降,导致东北地区泰尔指数出现波动。

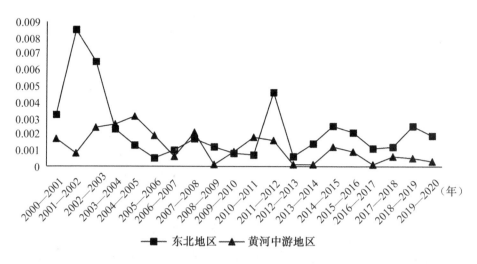

图 3-4 2000—2020 年东北地区和黄河中游地区泰尔指数走势

综上所述,我国八大经济区域内部能源环境效率差异大小及其波动情况各异,南部沿海地区和北部沿海地区内部能源环境效率差异较大且波动剧烈,东部沿海地区和西北地区能源环境效率差异相对较小但波动较大,长江中游地区、西南地区和东北地区能源环境效率差异较小且波动相对较小,黄河中游地区能源环境效率差异和波动水平最小。

第四章 碳达峰约束下区域全要素
能源环境效率影响因素分析

前一章的研究结果表明,八大经济区域全要素能源环境效率的变化和差异是不同的。为说明原因,本章分析了八大经济区域全要素能源环境效率的影响因素。首先,本章解释了影响因素的选择以及各因素对区域能源环境效率的影响情况;其次,介绍了各影响因素的表示方法、数据来源以及区域差异;最后,通过构造空间杜宾面板计量模型,实证分析各因素对区域能源环境效率的影响方向与影响程度。

第一节 能源环境效率影响因素的选取与区域差异

一、影响因素的选取与数据来源

在上文梳理了能源环境效率影响因素相关文献的基础上,本部分选取了6个区域全要素能源环境效率的影响因素,分别是经济发展水平、产业结构、能源消费结构、对外开放程度、技术进步和城镇化率。以下是这6个因素对区域全要素能源环境效率的影响和数据来源。

(一)经济发展水平

区域之间经济发展水平的差异对能源环境效率水平影响较大。第一,经济发展水平不同使得区域对于能源的依赖程度不同,经济发展水平较高的地区往往对于能源的依赖较弱,能源消费量比较低;而经济发展水平较低的地区往往对能源的依赖较强,能源消费量较高,尤其是对于成本和效率较低的一次能源,能源环境效率也较低。第二,区域的经济发展水平越高,当地居民的人均收入越高,无论是农村居民还是城市居民,都会带动消费的增加,这又会增加能源的消费量,不利于能源环境效率的提升;反之,经济发展水平较低的区域,人均收入低使得能源需求较低。第三,经济发展水平较高的区域往往更加注重环境的保护,企业对在生产过程中产生的废气、废水及固体残渣等的净化处理投入力度较大,这就使得该区域的全要素能源环境效率水平较高。本书以2000年为基期,用实际人均GDP表示各经济区域的经济发展水平。数据来源于国家统计局各年份的地区生产总值、地区生产总值指数及常住人口数。

(二)产业结构

产业结构是指三次产业在一国整个经济结构中所占的比重。随着经济的发展,一国的产业结构往往会从第一产业向第二产业和第三产业转变。其中,当机器设备转型升级带来生产效率的提高和产业规模达到一定程度带来规模经济后,第二产业往往会从不成熟、低效率的产业向成熟、高效率的产业进行调整和升级,这整个产业升级的过程也正是能源环境效率提高、非期望产出减少的过程。人们生活水平的提高,产品、服务和就业需求的扩张以及科技的进步等又促使社会经济结构和生活结构发生进一步的转变,第三产业产值迅速增加,在国内生产总值中所占的比重上升,第一产业和第二产业所占比重开始下降。由于第一产业和第二产业往往是高耗能产业,而第三产业能源环境效率高,因而第三产业占GDP比重的提高有利于整体能源环境效率的提高。本书用第三产业增加值占各经济区GDP的比重来代替各经济区的产业结构,数据来源于中国统计年鉴。

(三)能源消费结构

能源消费结构是指各种能源产品消费量在能源消费总量中的比重,其中我国使用的主要能源产品有煤炭、焦炭、原油、汽油、天然气和电力,而受限于"多煤、贫油、少气"的能源资源禀赋,我国所消费的各种能源资源中煤炭的消费量一直居于首位,其在能源消费总量中的占比超过60%,直到2018年我国煤炭消费占比才首次低于60%。煤炭作为不可再生能源,随着消费的增加,其开发的难度也在不断提高。此外,煤炭燃烧的效率低,释放的热能少,在燃烧的过程中会释放大量二氧化碳等对大气污染较严重的气体。因此,煤炭消费量占能源消费总量的比重越大,能源环境效率越低;煤炭消费占比的下降,意味着能源消费结构的调整和优化。本书以各区域煤炭消费量占各区域能源消费总量的比重代替能源消费结构,煤炭消费量占能源消费总量比重的下降,代表能源消费结构优化,数据来源于中国能源统计年鉴。

(四)对外开放程度

对外开放对能源环境效率的影响是具有两面性的。一方面,对外开放有利于能源环境效率的提升。在出口方面,出口型企业在与发达国家进行贸易的过程中,可以学习对方的技术性知识,包括生产制造、研发、市场营销和管理模式等,这些技术性知识有助于企业进行持续的产品研发、改进和创新,以提高竞争力和生产效率。而出口型企业的学习效应也具有正外部性,有利于非出口型企业的学习和模仿,从而带动非出口型企业生产率的提升。在进口方面,企业通过进口的资本品、中间产品和最终产品来获得技术外溢效应。企业从资本品的进口中可以直接实现技术的提高和生产率的提升,如进口机器设备;从中间产品的进口中可以获取生产率较高、非期望产出比较少的能源产品,从源头上提升能源环境效率;从最终产品的进口中,发展中国家既可以直接消费能源环境效率高的产品,又减少了非期望产出对环境的影响。另一方面,国际贸易也可能导致本国能源环境效率的下降。随着发达国家环境规制趋严以及生产成本的提升,由于发展中国家的环境标准相对较低,同时劳动力等生产要素的成本较低,国际贸易就会促使环境标准较严格的发达国家将污染产业转移至发展中国家,因此发展中国家的能源环境效率就会下降。本书用各区域进出口总额占 GDP 比重代替对外开放程度,进出口总额占 GDP 比重增加,代表对外开放程度增加,数据来源于中国统计年鉴。

(五)技术进步

技术进步包括在生产过程中利用新技术和新工艺来生产高效率的产品或者设备,也包括管理效率的提高、生产经验的积累、学习效应的形成,这些具有正外部性的技术进步有利于能源环境效率的提升。需要注意的是,能源环境效率的提升使得在既定产出下能源消费下降,能源需求的下降会带来能源价格的下降,而能源价格的下降又可能进一步导致能源消费的上升,这就产生了能源的回弹效应。该效应在一定程度上会抵消技术进步带来的能源环境效率的提升。本书以 2000 年为基期,用八大经济区域实际 R&D 经费内部支出的对数代替当期技术水平,这里的技术进步主要是指本国研究与创新所带来的技术水平的提高,数据来源于中国科技统计年鉴。

（六）城镇化率

城镇化率是指一国城镇人口占总人口的比重，一般情况下，一个国家经济发展水平提高会带动其城镇化率的提升。城镇化率对能源环境效率的影响主要表现在城镇化率的人口效应和技术效应，人口效应是指城镇化率的提高导致城镇人口的增加和人们生活水平的提高，这会进一步增加人们对于生产和生活资料的需求，不仅会使得能源消费量上升，也会带来更多的非期望产出，不利于能源环境效率的提升。技术效应是指随着城镇化率的进一步提升，城镇人口的聚集有利于生产制造、工业、管理与营销经验的交流，学习效应的形成会促进技术的进步和创新，同时城镇人口规模的提升，也会促使规模经济的形成，企业生产可以获取规模效应的好处，这都有利于能源环境效率的提升。根据杨海峰（2015）关于城市化与能源环境效率阶段性特征的研究结论，在城镇化率提高初期，城镇化率对能源环境效率的影响主要是发挥人口效应，当城镇化率达到一定水平之后，城镇化率对能源环境效率的影响主要是发挥技术效应，即城镇化率与能源环境效率呈显著"U"形变动关系。本书以八大经济区域城镇人口占常住总人口的比重代替城镇化率，城镇人口占总人口比重的增加代表城镇化率上升，城市化水平提高。数据来源于中国统计年鉴。

根据上文表述，本书所选取的区域能源环境效率的六大影响因素、具体衡量指标及数据来源如表 4-1 所示。

表 4-1　影响因素指标选取

变量	英文缩写	具体衡量指标	数据来源
经济发展水平	ED	实际人均 GDP	国家统计局
产业结构	IS	第三产业增加值占 GDP 的比重	中国统计年鉴
能源消费结构	ECS	煤炭消费量占能源消费总量的比重	中国能源统计年鉴
对外开放程度	OP	进出口总额占 GDP 比重	中国统计年鉴
技术进步	TECH	实际 R&D 经费内部支出取对数	中国科技统计年鉴
城镇化率	UR	城镇人口占常住总人口的比重	中国统计年鉴

二、影响因素的区域差异

基于各影响因素计算方法所得到的数据，将八大经济区域的经济发展水平、产业结构、能源消费结构、对外开放程度、技术进步和城镇化率均值以图表的形式展示出来(见图 4-1),以便分析各影响因素的区域差异。

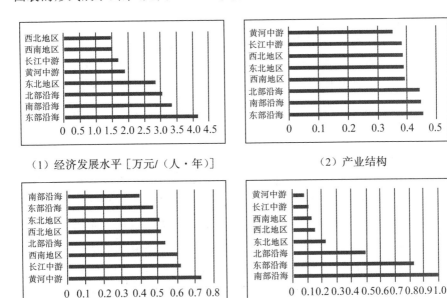

（1）经济发展水平［万元/（人·年）］　　　　（2）产业结构

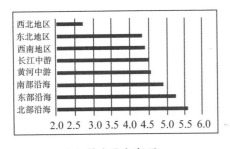

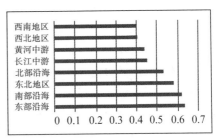

（3）能源消费结构　　　　　　　　　　　　（4）对外开放程度

（5）技术进步(亿元)　　　　　　　　　　　（6）城镇化率

图 4-1　能源环境效率影响因素变动趋势

（数据来源:中国统计年鉴、中国科技统计年鉴、中国能源统计年鉴）

（一）经济发展水平

从图 4-1(1)中可以看出,我国八大经济区域经济发展水平存在较大差异。在样本期内,经济发展水平较高的东部沿海地区年均实际 GDP 为 4.15万元/人,而经济发展水平较低的西北地区年均实际 GDP 只有1.48万元/人,只达到了东部沿海地区 35.7% 的水平,其他区域人均收入水平也存在不同程度的差距。可见,我国区域经济发展不平衡不协调的状况依然比较明显。

(二)产业结构

由图 4-1(2)中可以看出,在样本期内,东部沿海地区、南部沿海地区和北部沿海地区第三产业在国内生产总值中所占的比重的平均值较大,西南地区、东北地区、西北地区次之,长江中游地区和黄河中游地区第三产业所占比重平均值最小。因此,我国产业结构存在较大的区域差异,这也会影响我国区域能源环境效率水平。

(三)能源消费结构

从图 4-1(3)中可以看出,在观察期内南部沿海地区年均煤炭消费量所占比重最小,该区域煤炭消费量占比不超过 40%;黄河中游地区年均煤炭消费占比最高,其煤炭消费占比超过 70%,是南部沿海地区的近两倍。长江中游地区和西南地区年均煤炭消费占比超过 60%,东部沿海地区、东北地区、西北地区和北部沿海地区年均煤炭消费量占比为 45%—55%。我国不同区域的煤炭消费量在能源消费总量中所占比重不同,也会使得区域能源环境效率有差异。

(四)对外开放程度

图 4-1(4)展示的是八大经济区域对外开放程度的情况。南部沿海地区对外开放程度最高;其次是东部沿海地区和北部沿海地区,北部沿海地区进出口总额占 GDP 的比重约为南部沿海地区的一半;东北地区、西北地区、西南地区、长江中游地区和黄河中游地区的对外开放程度依次下降,长江中游地区和黄河中游地区进出口总额占 GDP 的比重不及南部沿海地区的 1/10。

(五)技术进步

图 4-1(5)展示的是样本期内八大经济区域的平均技术水平。北部沿海地区、东部沿海地区和南部沿海地区的平均技术水平较高,黄河中游地区、长江中游地区、西南地区和东北地区次之,西北地区平均技术水平最低。可见八大经济区域的技术水平有一定差异。

(六)城镇化率

图 4-1(6)展示了我国八大经济区域的城镇化水平,样本期内,东部沿海地区和南部沿海地区年均城镇化率最高,达到 60%以上;东北地区、北部沿海地区、长江中游地区和黄河中游地区年均城镇化率在 40%到 60%之间;西

北地区和西南地区年均城镇化率最低,不到40%。

三、能源环境效率的空间相关性检验

考虑到能源环境效率在空间维度上可能存在相关性,本节采用 Moran's I 指数对中国各省份历年的全要素生产率进行空间自相关检验,以验证使用空间计量模型分析能源环境效率影响因素的合理性。通过表 4-2 中 Moran's I 指数的计算结果可以看出,我国各省份 2001—2020 年的全要素生产率均具有明显的空间集聚特征,因此进行空间计量分析是必要的。

表 4-2　空间自相关检验结果

年份	能源环境效率		
	Moran's I	正态统计量 Z	P 值
2001	0.082	1.385	0.083*
2002	0.124	1.850	0.032**
2003	0.208	2.709	0.003***
2004	0.209	2.629	0.004***
2005	0.270	3.307	0.000***
2006	0.263	3.243	0.001***
2007	0.226	2.867	0.002***
2008	0.265	3.243	0.001***
2009	0.208	2.724	0.003***
2010	0.161	2.196	0.014**
2011	0.128	1.829	0.034*
2012	0.159	2.174	0.015**
2013	0.193	2.606	0.005***
2014	0.228	3.063	0.001***
2015	0.263	3.576	0.000***
2016	0.303	4.080	0.000***
2017	0.322	4.321	0.000***
2018	0.410	4.572	0.000***
2019	0.385	4.811	0.000***
2020	0.372	5.063	0.000***

注:***、**、*分别表示在1%、5%、10%的水平上显著,下同。

第二节　模型构建与实证分析

本书以当年区域全要素能源环境效率（EI）为因变量，考虑到上文测算的 GML 指数是指前一期到当期全要素生产率水平的相对变化，本书指定 2000 年全要素能源环境效率为 1，对 GML 指数进行累乘计算，计算后的数据表示当年的全要素能源环境效率。以经济发展水平（ED）、产业结构（IS）、能源消费结构（ECS）、对外开放程度（OP）、技术进步（$TECH$）和城镇化率（UR）为自变量，建立的空间杜宾面板数据模型可以表示为：

$$EI_{it} = \alpha + \rho_1 \sum \omega_{ij} EI_{jt} + \beta_1 ED_{it} + \beta_2 IS_{it} + \beta_3 ECS_{it} + \beta_4 OP_{it}$$
$$+ \beta_5 TECH_{it} + \beta_6 UR_{it} + \lambda_1 \sum \omega_{ij} ED_{jt} + \lambda_2 \sum \omega_{ij} IS_{jt} + \lambda_3 \sum \omega_{ij} ECS_{jt}$$
$$+ \lambda_4 \sum \omega_{ij} OP_{jt} + \lambda_5 \sum \omega_{ij} TECH_{jt} + \beta_6 \sum \omega_{ij} UR_{jt} + v_i + \theta_t + \varepsilon_{it} \qquad (4\text{-}1)$$

根据数据的可得性，本书样本研究期为 2001—2020 年，研究对象为八大经济区域，因此 $i=1,2,\cdots,8$；$t=2001,2002,\cdots,2020$。其中 EI_{it} 表示第 i 个区域 t 时期的能源环境效率；ED_{it} 表示第 i 个区域 t 时期的经济发展水平；IS_{it} 表示第 i 个区域 t 时期的产业结构；ECS_{it} 表示第 i 个区域 t 时期的能源消费结构；OP_{it} 表示第 i 个区域 t 时期的对外开放程度；$TECH_{it}$ 表示第 i 个区域 t 时期的技术进步；UR_{it} 表示第 i 个区域 t 时期的城镇化率；ω_{ij} 表示空间权重矩阵。本书依次引入空间邻接权重矩阵（W_1）、地理距离权重矩阵（W_2）、经济距离权重矩阵（W_3）和地理-经济加权权重矩阵（W_4）。其中，空间邻接权重矩阵（W_1）元素为二进制矩阵，即两省相邻取值为 1，不相邻取值为 0；地理距离权重矩阵（W_2）元素为省级几何中心距离的倒数；经济距离权重矩阵（W_3）元素表示省级人均 GDP 之差的倒数；加权权重矩阵（W_4）元素则是地理与经济距离的嵌套矩阵；$W_4 = \varphi W_2 + (1-\varphi)W_3$，本书设定 $\varphi = 0.5$。v_i 表示地点固定效应，θ_t 表示时间固定效应，ε_{it} 表示随机扰动项。

在面板数据计量分析之前，需要对计量模型进行选择，首先进行 LR 检验。在基本模型和随机效应模型中进行选择，LR 检验的原假设为选择基本模型，拒绝原假设选择随机效应模型；其次运用 Hausman 检验来确定计量模型是固定效应模型还是随机效应模型，Hausman 检验的原假设为选择随机效应模型，拒绝原假设为选择固定效应模型。利用 Stata 统计软件分别进行 LR 检验和 Hausman 检验，其结果如表 4-3 所示。

表 4-3　LR 检验与 Hausman 检验结果

	Chi-Sq.Statistic	Chi-Sq.d.f	P 值
LR 检验	150.65	1	0.000
Hausman	2097.77	5	0.000

如表 4-3 所示，在基础模型和随机效应模型的选择中，根据 LR 检验结果，$P=0.000$，拒绝原假设，选择随机效应模型；在随机效应模型和固定模型的选择中，根据 Hausman 检验，$P=0.0000$，拒绝原假设，选择固定效应模型。因此，本书区域能源环境效率影响因素分析的面板计量模型选择固定效应模型，对固定效应的面板模型进行回归，得到结果如表 4-4 所示。

表 4-4　影响因素分析结果

	直接效应			间接效应		
	W_1	W_2	W_3	W_1	W_2	W_3
$W.EI$	0.3989***	0.1784***	0.3799***			
	(3.59)	(2.94)	(3.90)			
ED	1.6659***	2.4147***	0.2410*	0.0669***	0.6893***	0.1036***
	(6.60)	(4.48)	(1.57)	(2.60)	(3.93)	(2.57)
IS	0.8421**	0.9832***	0.1555**	−0.3265**	−0.3749**	−0.0464***
	(6.98)	(5.35)	(1.92)	(−2.38)	(−2.39)	(−2.58)
ECS	−0.0669***	−0.6893***	−0.1036**	−0.0251	−0.1089**	−0.0585**
	(−3.60)	(−3.93)	(−2.57)	(−1.59)	(−2.18)	(−2.45)
OP	0.0241**	0.0695**	0.0227*	0.0241	0.0695***	0.0227
	(1.92)	(2.61)	(1.79)	(1.29)	(2.61)	(1.09)
$TECH$	0.0087**	0.0093***	0.0226***	0.0285**	0.0024***	0.0028**
	(2.35)	(3.22)	(2.59)	(2.06)	(3.10)	(2.36)
UR	0.3265**	0.3749*	0.0464***	0.8421	0.9832	0.1555
	(2.38)	(1.90)	(2.58)	(0.98)	(1.35)	(0.92)
固定效应	是	是	是	是	是	是

注：$W.EI$ 表示被解释变量的空间滞后项。

由表 4-4 可知,经济发展水平与八大经济区域全要素能源环境效率水平呈现正相关关系,并且影响因素经济发展水平通过 1% 的显著性检验,说明区域的经济发展水平对其能源环境效率水平的影响较为明显。区域经济发展水平的提高,虽然会带动能源消费量的增加,但由于其消费的能源资源是低污染、高能效的绿色能源,而且经济发达的地区更加注重对工业污染治理的投资,因此,会带动区域能源环境效率的提高。伴随着地区间经济联系的不断加深,周边地区经济发展能够对本地形成较强的示范效应和溢出效应。

产业结构与区域能源环境效率存在显著的正相关,本书中产业结构用第三产业占 GDP 的比重代替,说明第三产业所占比重越大,越有利于区域能源环境效率水平的提高。原因在于,第三产业占比的增加,也意味着第二产业占比的下降且第二产业正在向成熟、高效的产业进行调整,同时第三产业与第二产业相比能耗较低且污染较小,整个产业结构不断升级优化的过程有助于推动能源环境效率的进一步提升。不同的是,周边地区第三产业占比的提升反而会对本地能源环境效率产生负面影响,造成这一现象的主要原因可能在于周边地区向本地转移污染产业,或造成污染泄漏等。

能源消费结构即煤炭消费占比的提高会降低区域能源环境效率水平,该因素在模型中高度显著,对区域能源环境效率的影响较大。煤炭资源有不可再生、效率低、污染严重的特点,并且煤炭消费在我国能源消费总量中一直居于首位,占比超过 50%,这在很大程度上拉低了我国总体的能源环境效率水平,并且带来了严重的环境污染。能源消费结构的调整意味着煤炭消费量占比的下降、其他高效率清洁能源占比的上升,因此,区域能源消费结构的优化有利于区域能源环境效率的提升。周边地区以煤炭消费为主体的能源消费结构会对本地能源环境效率提升产生不利影响。不难理解,以煤炭消费为主的地区往往面临着严峻的环境污染,而碳排放等具有较强的空间转移和传输特征,从而导致周边地区环境同步恶化。

区域的对外开放程度对区域能源环境效率水平在 1% 的水平上呈现出显著正相关。区域对外开放程度越高,其获得的出口学习效应和进口技术外溢效应可能就越多,而这些技术性知识是提高区域能源环境效率水平的根源之一。因此,对外开放程度较高的区域,其能源环境效率水平较高。周边地区的对外开放发展对于本地能源环境效率的影响存在不确定性。一方面,对外开放有助于吸收国外先进的清洁生产技术和治理经验,但另一方面也加剧了成为污染产业承接地和发生"污染天堂"效应的风险。

区域技术进步与区域能源环境效率水平呈现出正相关关系,并且该模型中技术进步通过了1%的显著性检验,区域技术水平的差异会引起区域能源环境效率水平的显著差异。技术进步不仅具有累积效应,可以在原有技术水平上进行改造和创新,带动技术水平的进一步提高,而且技术进步具有正外部性,某一区域通过区域间商品的流通交易可以带动其他区域技术水平的提升。虽然技术进步具有能源回弹效应,可能会带来能源价格的下降和能源消费的增加,但在该模型中,技术进步的累积效应和正外部性较大,足以弥补能源回弹效应,因此,区域技术水平的提高有利于区域能源环境效率水平的提高。与此同时,周边地区技术进步亦能够显著提升本地的能源环境效率。究其原因,地区间的知识和技术溢出能够有效地加速本地清洁生产技术研发,从而推动本地能源环境效率的提高。

区域城镇化率与区域能源环境效率呈现出正相关的关系,说明城镇化水平的提高,在一定程度上会带来全要素能源环境效率的提升。但在该模型中城镇化率没有通过显著性检验,该因素不显著的原因可能在于:一方面,城镇化率对能源环境效率的影响既表现出人口效应——抑制能源环境效率的提高,又表现出技术效应——促进能源环境效率的提高,两者的相互作用决定城市化率对能源环境效率的最终影响结果;另一方面,研究期内我国各区域的城镇化率还处于比较低的水平,大部分区域城镇化率不到50%,根据杨海峰关于城市化与能源环境效率阶段性特征的研究结论,目前我国区域城镇化率对能源环境效率的影响可能处于“U”形曲线的最低点的右侧附近,导致城镇化率对能源环境效率的影响不显著。随着区域城镇化率的进一步提升,其对能源环境效率的影响可能会更加显著。值得注意的是,城市化空间滞后项的系数为正但却并不显著,这意味着周边地区城市化推进对本地能源环境效率提升具有潜在的促进作用,但现阶段尚未得到有效发挥。

能源环境效率的空间滞后项在不同的空间权重矩阵下均通过1%的显著性检验,这意味着地区间能源环境效率存在显著为正的空间相关特征,即周边地区能源环境效率的提升有助于本地能源环境效率的同步提升。因此,能源环境效率改进过程中应强化跨区域的交流和联系,实现能源环境效率的协同改进。

综上所述,本章通过对区域能源环境效率的影响因素建立面板数据的固定效应模型,实证分析了经济发展水平、产业结构、能源消费结构、对外开放程度、技术进步及城镇化率等六大因素对区域能源环境效率的影响。结果表明:经济发展水平越高的地区,由于其消费的能源资源更加高效而环保,同时经济发达的地区更加注重对工业污染治理的投资,其全要素能源环境效率越高。产业结构越合理,第三产业所占比重越高的地区,全要素能源环境效率越高。能源消费结构越合理,煤炭消费占能源消费总量越低的地区,全要素能源环境效率越高。对外开放程度越高,企业在进出口贸易中所获得的出口学习效应和进口技术外溢效应越多的地区,全要素能源环境效率越高。技术进步越快的地区,所获得的累积效应和正外部性较大,足以弥补当前的能源回弹效应,全要素能源环境效率越高。城镇化水平与区域全要素能源环境效率呈现正相关关系。可能由于城镇化率对能源环境效率的影响既有人口效应又有技术效应,同时研究期内我国各区域的城镇化率还处于比较低的水平,导致实证结果中城镇化率对能源环境效率的影响不显著。

第五章 我国省级工业能源环境效率测算

随着我国工业化进程的逐步加快,工业部门已成为我国最大的能源消费部门,能源消费与能效的关系越来越受到重视。因此,本章主要分析我国工业能源消费的总体情况。本章基于 DEA 方法,对省级资本投入、劳动力投入、能源投入和总体产出数据进行实证分析,计算出各省份工业能源利用效率。

第一节 工业能源消费现状

一、工业能源消费总量

图 5-1 显示了 2000—2020 年我国工业能源消费总量和能源强度。从工业能源消费总量来看,2000 年我国工业能源消费总量为 103773.85 万吨标准煤,2020 年我国工业能源消费总量为 332625 万吨标准煤,超过 2000 年工业能源消费总量的 3 倍。可见,近 20 年来,我国工业能源消费总量快速增长,能源消费总量呈现高速增长态势。从能源强度来看,我国能源强度整体呈下降趋势,而且能源强度下降幅度更大,这表明我国工业能源的经济效益越来越高。同时,这也表明我国工业部门从高能耗向低能耗的转变是成功的。但是,我国工业能源强度仍大于 1,低于我国能源强度平均水平,这说明我国工业能源部门经济效益较低,提升空间较大。

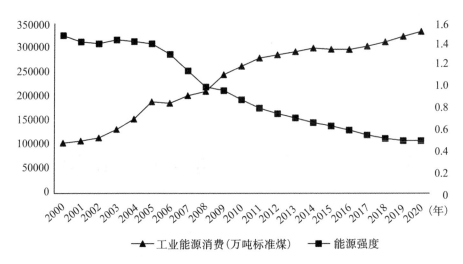

图 5-1　2000—2020 年我国工业能源消费总量及能源强度

（数据来源：中国能源统计年鉴和中国工业统计年鉴）

二、工业能源消费结构

从行业来看，能源消费一般分为一次能源消费和二次能源消费。一次能源可直接从自然界中获取，无须任何加工或改变即可直接利用，主要包括煤炭、石油和天然气；二次能源是指通过对一次能源进行加工和改造，可以直接或间接利用的能源，主要包括燃气、电力、蒸汽、压缩空气等。据相关数据统计，在我国，煤炭在能源消费中占据主导地位，其次是石油和电力消费，而天然气作为清洁能源的消费占比较小。2020 年，煤炭消费占能源消费总量的 56.9％，石油消费占 18.8％，电力等消费占 15.9％，天然气消费占8.4％。

从图 5-2 中可以看出，煤炭是我国工业部门能源消费的主要类型，这是我国能源储备中煤多油少所造成的现象。煤炭作为不可再生资源，严重阻碍了我国工业部门的可持续发展。因此，节能减排和新能源的开发利用应始终放在重要位置；同时，鼓励和推广使用天然气、风能、水能等清洁能源和可再生能源，进一步改善我国工业能源消费结构，实现工业的可持续发展。

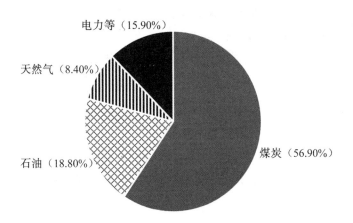

图 5-2　2020 年能源消费组成

（数据来源：中国能源统计年鉴）

三、工业分行业能源消费现状

从横向看，2020 年工业部门能源消费量为 332625 万吨标准煤，占我国能源消费总量的 66.75％。作为工业部门中最重要的能源消耗行业，2020 年制造业能源消耗占我国工业部门能源消耗总量的 84.07％。制造业中的石油加工、焦化和核燃料加工、化工原料及化工产品制造、黑色金属冶炼及压延、有色金属冶炼及压延、非金属矿产品能源消耗占比较高，这几个子行业的能源消耗总量占我国制造业能源消耗的 78.56％。从纵向看，我国工业部门能源消费总量从 2000 年的 103773.85 万吨标准煤增加到 2020 年的 332625 万吨标准煤，并且增长较快。其中，增长最快的行业是计算机、通信和其他电子设备制造行业，有色金属冶炼及压延加工业，分别为 7.40 倍和 6.17 倍。当前，我国工业发展存在一个很大的问题，就是能源消费集中在特定的部门和特定的行业。工业部门是高耗能行业，发展有两个方面的问题：一方面为国民经济的发展作出了巨大贡献，另一方面也使我国能源消费总量不断增加。因此，我国工业部门需要实施节能减排，提高能源利用效率。

2020 年，工业部门能源消费占我国能源消费总量的 66.75％，而工业总产值仅占 GDP 的 30.87％。因此，工业部门经济增长对能源消费的依赖程度直接影响了我国整体经济增长对能源消费的依赖程度。从对工业能源消费现状的分析中可以看出，我国工业产值和能源消费量呈现同步上升趋势，近年来工业产值增速逐渐低于能源消费增速；以煤炭为主的消费结构短期内难以改变;能源消费强度总体呈下降趋势,说明近年来能源利用效率不断提高,但仍低于全国平均水平,提升空间较大。

根据以上对我国能源消费总体形势和工业部门能源消费状况的分析可知,2000年以来,我国工业能源利用效率虽然稳步提高,但仍低于全国平均能源利用效率水平,工业能源利用对环境造成的污染严重。能源消耗问题日益突出,进一步影响了我国工业的可持续发展。

第二节　省级工业能源环境效率测算结果分析

一、计量模型和数据说明

Farrell(1957)首次提出通过构建非参数线性凸面来估计生产前沿。然而,直到 Charnes 等(1978)提出了基于规模不变回报(CRS)的 DEA 模型,才引起了业界的广泛关注和应用。后来,Banker 等(1984)扩展了 CRS 模型的规模报酬不变假设,提出了基于规模报酬可变的 DEA 模型,本书介绍了这一模型。

DEA 是一种基于线性规划方法的数学决策过程。它的主要功能是评估决策单元(DMU)的效率。DEA 的目的是构建一个非参数的包络前线,有效点位于包络线前,无效点位于前线下方。假设有 n 个决策单元(DMU),那么每个决策单元需要输入 K 个元素来实现 M 个输出,那么第 i 个决策单元的效率就是以下线性规划问题的结果。

$$
\begin{aligned}
&\min_{\theta,\lambda} \theta \\
&\text{s.t.} -y+Y\lambda \geqslant 0, \\
&\theta x_i - X\lambda \geqslant 0, \\
&\lambda \geqslant 0
\end{aligned}
\tag{5-1}
$$

其中,θ 是标量,λ 是一个 $N\times 1$ 的常向量,解出来的 θ 值即为决策单元的效率值,一般有 $\theta \leqslant 1$。如果 $\theta=1$,则意味着该单元是技术有效的,且位于前沿上。

非效率决策单元的径向调整量和松弛调整量两个部分组成了能源投入调整量。我们将各决策单元的潜在能源投入量与实际投入量的比值界定为能源环境效率,即全要素能源环境效率。

$$TFEE_{it} = E_{it目标值}/E_{it实际值} \tag{5-2}$$

$$E_{it调整值} = E_{it实际值} - E_{it目标值} \tag{5-3}$$

式(5-2)中，$TFEE$ 表示全要素能源环境效率，i 表示区域，t 表示时间。$E_{it调整值}$ 表示能源投入量的调整值，包括径向调整值和松弛调整值。由于目标值总是小于或者等于实际能源消费量，所以全要素能源环境效率（$TFEE$）的值一般为 0—1。本书以 2000—2020 年我国省级层面数据为研究对象，研究工业部门的能源环境效率。

1.产出数据

各省工业产出数据用工业总产值来表示，该部分的数据全部来源于中国工业统计年鉴。由于工业总产值都是基于当年价格给出的，因此本书以 2000 年的不变价格来对数据进行调整，以消除价格影响，单位为亿元。

2.能源投入数据

能源投入数据使用的是各省工业能源消费总量，该部分数据来源于中国统计年鉴和中国能源统计年鉴。数据单位为万吨标准煤。

3.劳动投入数据

劳动投入数据用各省工业部门年底从业人员数表示。数据来源于中国统计年鉴和中国工业统计年鉴，数据单位为万人。

4.资本投入数据

目前，我国对资本投入还没有具体的统计资料，但是有许多学者就这方面的问题进行了研究，如张军（2003）、薛俊波（2007）、叶宗裕（2010）等。目前资本存量估计最常使用的方法是永续盘存法，该方法是戈德·史密斯于 1951 年提出的，而后在经合组织国家得到了广泛使用。永续盘存法的公式为：

$$K_t = I_t + (1-\theta_t)K_{t-1} \tag{5-4}$$

其中，K_t 表示第 t 年的期末资本存量；I_t 表示第 t 年的固定资产投资；θ_t 表示第 t 年的固定资产折旧率。各行业固定资产数据来源于中国统计年鉴和中国固定资产投资统计年鉴，单位为亿元，以 1990 年为基期对其进行调整以消除价格影响。

为了便于研究我国省级工业能源消费的区域特点，本书按照传统的区域划分方式划分为东、中、西部三大地区。其中，东部地区包括北京、天津、河北、辽宁、上海、江苏、浙江、福建、山东、广东、海南等 11 个省份；中部地区包括山西、吉林、黑龙江、安徽、江西、河南、湖北、湖南等 8 个省份；西部地区包括广西、四川、重庆、贵州、云南、陕西、甘肃、青海、宁夏、新疆、内蒙古等11个省份。

二、模型估计结果及分析

将省级资本存量、劳动力、能源消费量作为输入变量,并以省级工业总产值作为输出变量,进行输入导向型DEA分析,获得省级层面能源消费的目标值,并根据公式(5-1),计算出我国省级全要素能源环境效率指数,结果见表5-1。

表5-1　我国各省份工业全要素能源环境效率

	2000年	2002年	2004年	2006年	2008年	2010年	2012年	2014年	2016年	2018年	2020年
北京	0.74	1.00	1.00	1.00	1.00	1.00	1.00	1.00	1.00	1.00	1.00
天津	0.94	0.89	0.95	0.97	0.82	0.69	0.60	0.52	0.58	0.65	0.72
河北	0.28	0.35	0.32	0.26	0.26	0.24	0.23	0.26	0.36	0.50	0.69
山东	0.63	0.71	0.66	0.61	0.65	0.65	0.63	0.67	0.69	0.70	0.72
上海	1.00	1.00	1.00	1.00	1.00	1.00	1.00	1.00	1.00	1.00	1.00
江苏	0.78	1.00	1.00	1.00	1.00	1.00	1.00	1.00	1.00	1.00	1.00
浙江	0.91	0.96	0.80	0.80	0.81	0.89	0.86	0.77	0.79	0.80	0.82
福建	0.84	0.89	0.85	0.57	0.43	0.35	0.30	0.27	0.42	0.65	1.00
广东	1.00	1.00	1.00	1.00	1.00	1.00	1.00	1.00	1.00	1.00	1.00
辽宁	0.31	0.45	0.43	0.47	0.42	0.37	0.35	0.46	0.63	0.86	1.00
吉林	0.53	0.68	0.55	0.68	0.59	0.53	0.49	0.52	0.59	0.66	0.74
黑龙江	0.49	0.66	0.72	1.00	1.00	1.00	1.00	1.00	1.00	1.00	1.00
山西	0.21	0.29	0.22	0.24	0.31	0.37	0.26	0.26	0.33	0.42	0.53
安徽	0.27	0.42	0.40	0.47	0.43	0.36	0.32	0.29	0.31	0.34	0.37
江西	0.52	0.57	0.52	0.52	0.42	0.41	0.38	0.30	0.39	0.52	0.68
河南	0.41	0.54	0.41	0.40	0.35	0.33	0.35	0.38	0.41	0.45	0.49
湖北	0.34	0.46	0.48	0.58	0.54	0.44	0.38	0.42	0.43	0.45	0.47
湖南	0.45	0.56	0.44	0.34	0.38	0.35	0.32	0.28	0.34	0.41	0.50
广西	0.41	0.63	0.42	0.56	0.50	0.43	0.41	0.36	0.45	0.56	0.71

续表

	2000 年	2002 年	2004 年	2006 年	2008 年	2010 年	2012 年	2014 年	2016 年	2018 年	2020 年
四川	0.36	0.38	0.42	0.42	0.35	0.30	0.25	0.26	0.29	0.33	0.37
贵州	0.37	0.52	0.30	0.32	0.49	0.49	0.42	0.41	0.51	0.64	0.81
云南	0.52	0.59	0.69	0.46	0.48	0.55	0.42	0.36	0.40	0.45	0.50
陕西	0.56	0.53	0.56	0.62	0.57	0.51	0.46	0.45	0.48	0.50	0.53
甘肃	0.45	0.56	0.54	0.67	0.74	0.75	0.82	0.63	0.68	0.73	0.79
青海	1.00	1.00	1.00	1.00	1.00	1.00	1.00	1.00	1.00	1.00	1.00
宁夏	0.44	1.00	1.00	1.00	1.00	1.00	1.00	1.00	1.00	1.00	1.00
新疆	0.56	0.52	1.00	1.00	1.00	1.00	1.00	0.46	0.48	0.50	0.53
内蒙古	0.30	0.42	0.22	0.32	0.33	0.32	0.31	0.25	0.46	0.49	0.51
重庆	0.83	0.78	0.83	0.85	0.72	0.61	0.52	0.46	0.48	0.51	0.53
海南	0.36	0.50	0.29	0.31	0.47	0.47	0.40	0.40	0.42	0.45	0.47

从表 5-1 中可以看出,省级全要素主要表现为以下特点:各省份中,北京、上海、江苏、广东、青海、宁夏等省份自 2001 年以来一直处于全国生产前列,其他省份全要素能源环境效率亦有不同程度的提高。从表面上看,能源环境效率存在较为严重的两极分化现象,尽管各省份能效最高与最低的差距从 2000 年的 0.71 降到 2020 年的 0.63,但不同省份之间能源环境效率仍长期存在较大的差距。北京、江苏、上海、广东等经济发展较好的东部四个省份的全要素能源环境效率值几乎历年为 1,始终保持生产领先地位;而黑龙江、青海、宁夏等中西部经济发展较慢的三个省份,全要素能源环境效率值多数年份为 1,同样处于全要素生产效率的领先地位。虽然其他省份能源环境效率不高,但全要素能源环境效率波动不大,呈现相对平稳的趋势。以上数据基本表明,各地区工业部门的能源环境效率与其区域经济发展基本一致,并呈现出相对稳定的趋势。

为进一步了解我国省级工业能效发展现状,本书根据全要素能源环境效率和能源投入,对 2020 年各省份的横截面数据进行了分类(见表 5-2)。能源投入相对较高、能效相对较低的省份需要更多关注。

表 5-2　各省份工业能源利用效率模式分类

	高投入	中投入	低投入
高效率	江苏、上海、广东	山东、天津、浙江	北京、青海、宁夏、黑龙江
中效率	辽宁、吉林	河南、湖北、云南	陕西、新疆、甘肃、贵州、海南、重庆
低效率	安徽、河北	湖南、江西	福建
	山西、内蒙古	广西、四川	

1.高投入、低效率地区

安徽、河北、山西、内蒙古四省份中,东部有 1 个省份,中部有 2 个省份,西部有 1 个省份。从相关数据中可以看出,这四个省份具有能耗大、能效低的特点,资源浪费较大。这些地区应该是国家工业部门节能减排工作的重中之重,产业结构调整须放在重要位置。同时,政府应加强对这些地区能源资源的控制,合理配置资源,尽量减少资源浪费。

2.中投入、低效率地区

湖南、江西、广西、四川近三年能效均在 0.72 以下,能效无明显改善。这类地区仍以传统工业发展拉动经济增长,即通过大量能源投入带动工业总产值增长,节能潜力巨大。

3.中投入、中效率地区

河南、湖北、云南虽然处于中等水平,但绝对能源投入较大。2000—2010 年,河南全要素能源环境效率呈下降趋势,2010 年之后逐渐反弹,但增长幅度相对较小。云南全要素能源环境效率基本保持稳定,主要表现为小幅度的波动。这两个省份的能效提升空间很大。为了改善现状,走上生产前沿,我们需要及时调整产量和投入方式。

表 5-3 和图 5-3 分别显示了我国东部、中部和西部地区的工业部门2000—2014 年全要素能源环境效率值及其变化趋势。

表 5-3　东部、中部和西部全要素能源环境效率

	2000 年	2002 年	2004 年	2006 年	2008 年	2010 年	2012 年	2014 年	2016 年	2018 年	2020 年
东部	0.71	0.80	0.75	0.73	0.71	0.70	0.67	0.67	0.72	0.78	0.86
中部	0.40	0.52	0.47	0.53	0.50	0.47	0.44	0.43	0.48	0.53	0.60
西部	0.53	0.63	0.63	0.66	0.65	0.63	0.60	0.51	0.57	0.64	0.71

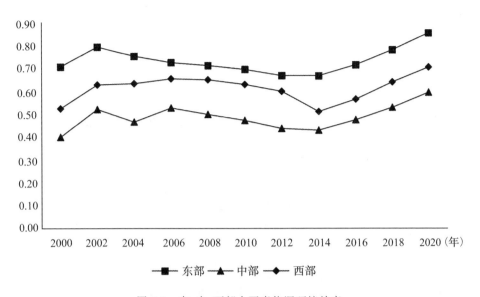

图 5-3　东、中、西部全要素能源环境效率

第六章　我国省级工业能源回弹效应估算

　　1865 年，杰文斯(Jevons)以苏格兰炼铁为例，阐明了提高能源效率并未达到能源消费量减少的预期目标，反而引起了能源消费量的增加这一问题，这就是"杰文斯悖论"，也叫"能源回弹效应"。近几年来，能源回弹效应成为众多学者关注的热点话题，他们认为只有在保持能源价格不变时，通过技术进步来提高能源效率，才可以达到预期的节能目标。基于此，各国都开始思考以技术进步为主导的能源政策实施对节能减排的有效性。本章选取我国2000—2020 年的省级面板数据，测算了各省工业能源回弹效应，并且根据东、中、西部三大地区的划分来分析区域工业能源回弹效应的特征。

第一节　能源回弹效应模型构建

　　本书主要研究技术进步所引起的能源回弹效应。因此，如何衡量技术进步是本章的重点之一，当前使用较多的方法是用全要素生产率(Total factor productivity，TFP)来代替技术进步。所以，本书将基于新古典经济增长理论，用索洛余值来计算技术进步率，进而估算由技术进步引起的我国工业能源消费回弹效应。

　　假设第 t 年的工业总产出为 Y_t(亿元)，能源消费量为 E_t(万吨标准煤)，则第 t 年工业的能源强度 E_t/Y_t(吨标准煤/万元)记为 EI_t。在 $t+1$ 年中，因为技术进步使工业能源强度下降为 EI_{t+1}，经济产出增加到 Y_{t+1}，此时能源消费量为 $E_{t+1}=EI_{t+1}\times Y_{t+1}$，则因技术进步降低能源强度而节约了的能源消费量为：

$$\Delta E^- = Y_{t+1} \times (EI_t - EI_{t+1}) \tag{6-1}$$

然而,技术进步虽然一方面提高了能源环境效率,降低了能源强度,但另一方面也使能源服务成本降低,使得能源需求量增加。因此,第 $t+1$ 年因技术进步引起的经济增长用 $\delta_{t+1} \times (Y_{t+1} - Y_t)$ 来表示,如式(6-2)中所示,在第 $t+1$ 年技术进步对经济增长的贡献率为 δ_{t+1},则由于技术进步使经济规模扩大进而产生的新的能源需求量是:

$$\Delta E^+ = \delta_{t+1} \times (Y_{t+1} - Y_t) \times EI_{t+1} \tag{6-2}$$

所以,第 $t+1$ 年基于技术进步引起的能源回弹效应为:

$$RE_{t+1} = \frac{\delta_{t+1} \times (Y_{t+1} - Y_t) \times EI_{t+1}}{Y_{t+1} \times (EI_t - EI_{t+1})} \tag{6-3}$$

如式(6-3)所示,技术进步所引起的能源回弹效应主要概括为两方面:技术进步降低了能源强度,进而节约了能源消费量;技术进步促使经济规模扩张,进而增加了能源消费量。二者之比为技术进步所导致的能源回弹效应。

式(6-3)测算的是第 $t+1$ 年的能源回弹效应,工业总产值 Y 可以直接从统计资料中获得,能源强度 EI 可以经过简单计算得到,但是技术进步贡献率 δ 不易获得。所以,难点就是运用哪种方法来测算技术进步率进而测算能源回弹效应。本书依据新古典经济增长理论得出的生产函数为:

$$Y = A L^\beta K^\alpha E^\gamma \tag{6-4}$$

式(6-4)中,α、β、γ 分别为资本、劳动和能源的产出弹性。对式(6-4)两边取对数可得:

$$\ln Y = \ln A + \beta \ln L + \alpha \ln K + \gamma \ln E \tag{6-5}$$

基于面板数据的回归,就可以得到资本、劳动和能源的产出弹性 α、β、γ 的值。假设经济产出、劳动投入、资本投入和能源投入相对上一年的增长率为 dY、dL、dK、dE,则技术进步对经济增长的贡献率 δ 为:

$$\delta = \frac{dY - \beta \times dL - \alpha \times dK - \gamma \times dE}{dY} \times 100\% \tag{6-6}$$

第二节　我国工业能源回弹测算

一、数据来源与处理

通过上一节的公式可以发现,测算我国工业能源的回弹效应,首先要得到相应的统计数据 $Y(t)$、$L(t)$、$K(t)$、$E(t)$。基于数据的可获得性和有效性,本书选取 2000—2020 年 30 个省份的面板数据进行分析。

(1)产出数据(Y)。本书用各省工业总产值来表示产出,数据来源于中国工业统计年鉴。以 2000 年不变价格的工业总产值为基准进行平减来消除价格因素的影响,单位为亿元。

(2)劳动投入数据(L)。本书劳动投入指标用省级工业部门从业人员当年平均人数来表示,数据来源于中国工业统计年鉴,计量单位为万人。

(3)资本投入数据(K)。本书用永续盘存法来计算资本存量,其计算公式为:

$$K_t = I_t + (1-\theta_t)K_{t-1} \tag{6-7}$$

其中,K_t 表示第 t 年的期末资本存量;I_t 表示第 t 年的固定资产投资;θ_t 表示第 t 年的固定资产折旧率。各行业固定资产投资数据从中国统计年鉴和中国固定资产投资统计年鉴中得到,固定资产投资单位为亿元,以 1990 年为基准对其进行调整以消除价格因素的影响。

(4)能源投入数据(E)。能源投入数据使用的是各省工业能源终端消费总量,该部分数据从中国能源统计年鉴和中国统计年鉴中得到,数据单位均统一为万吨标准煤。

二、面板单位根检验

宏观经济数据的序列大部分都是不平稳的,若直接构建模型则会出现伪回归问题,所以应该先检验面板序列的平稳性,进行单位根检验。但与普通单序列的单位根检验不同,面板数据可以分为两类:同质面板检验和异质面板检验。由于我国各个省份的经济发展状况存在差异,各地区对要素禀赋的投入不同,进而各个地区的生产方式等会存在差异,所以异质面板单位根过程(Individual unit root process)是符合生产函数中各变量的面板数据的检验方法。因而本书利用 IPS 检验方法来进行单位根检验，原假设是存在单位根。面板数据平稳性检验如表 6-1 所示。

表 6-1　面板单位根检验结果

	Statistic	P 值
$\ln Y$	-3.9775	0.000
$\ln L$	-4.2078	0.000
$\ln K$	-3.2409	0.001
$\ln E$	-2.6947	0.004

从表 6-1 中可以看出，在 IPS 检验中，4 个变量 $\ln Y$、$\ln L$、$\ln K$、$\ln E$ 在 1% 的显著水平上均拒绝原假设，即该组面板数据不存在单位根。

三、面板数据协整检验

根据检验方法不同，面板数据协整检验可以分为两种：一种是以 EG（Engle-Granger）两步法为基础的协整检验，如 Kao 协整检验和 Pedroni 协整检验；另一种是以 Johansen 统计量为基础的协整检验，如 Fisher 协整检验。Pedroni 协整方法的应用更加广泛，因为它比其他检验更能有效地解决面板数据的自相关性以及异方差性等问题。所以本书选取 Kao 检验和 Pedroni 协整检验两种方法来研究我国工业能源消费和工业产出之间的相关关系。

Kao 检验是将 ADF 检验方法做了进一步推广，从而运用到面板数据的协整检验中，原假设为变量之间不存在协整关系。Pedroni 检验是考虑到异质性面板数据的自相关性和异方差性，提出零假设为无协整关系的面板数据 Pedroni 检验。根据检验形式的不同，分为联合组内和联合组间两个维度。联合组内维度包括 Panel v-Statistic、Panel rho-Statistic、Panel PP-Statistic、Panel ADF-Statistic 四个检验统计量；联合组间维度包括 Group rho-Statistic、Group PP-Statistic、Group ADF-Statistic 三个检验统计量。由于 Panel ADF-Statistic、Group ADF-Statistic 两个统计量在样本数据较少的情况下检验效果更好，而本书研究数据的样本区间为 1990—2013 年，样本期间较短，因此本书采用 Pedroni 检验中具有较强小样本特性的 Panel ADF-Statistic、Group ADF-Statistic 两个统计量。具体的面板数据协整检验结果见表 6-2。

表 6-2　面板协整检验结果

	统计量名称	统计量值	P 值
Kao 检验	ADF	-6.6623	0.0000
Pedroni 检验	Panel ADF-Statistic	-7.6974	0.0000
	Group ADF-Statistic	-7.2649	0.0000

从表 6-2 的检验结果中可知，Kao 检验 ADF 统计量的值为 -6.6623，对应的 P 值为 0.0000，所以在 Kao 检验中，在 1% 的显著性水平下拒绝原假设，即存在协整关系。Pedroni 协整检验中，Panel ADF-Statistic 和 Group ADF-Statistic 检验统计量的 P 值分别为 0.0000 和 0.0000，所以在 1% 的显著性水平下拒绝原假设，存在协整关系。综合 Kao 检验和 Pedroni 检验结果可知，工业产出和工业能源消费量二者之间存在长期稳定的协整关系，在建立回归方程时不会存在伪回归现象，进而可以建立回归模型。

四、面板回归模型建立与结果计算

根据面板数据协整关系的检验结果可知，不存在伪回归的现象，可以进行面板回归分析。根据面板模型系数和截距项不同将面板模型分为三类：固定系数模型、变截距模型和变系数模型。其回归模型形式分别如下：

$$y_{it} = \alpha + \beta' x_{it} + \mu_{it}, i = 1, 2, \cdots, N, t = 1, 2, \cdots, T_1 \qquad (6\text{-}8)$$

$$y_{it} = \alpha_i + \beta' x_{it} + \mu_{it}, i = 1, 2, \cdots, N, t = 1, 2, \cdots, T_2 \qquad (6\text{-}9)$$

$$y_{it} = \alpha_i + \beta'_i x_{it} + \mu_{it}, i = 1, 2, \cdots, N, t = 1, 2, \cdots, T_3 \qquad (6\text{-}10)$$

由于面板数据同时包含了时间、变量以及截距等三个维度的信息，如果选择的面板回归模型不合适，则最终的回归结果可能与现实经济情况相差甚远。所以本书在对面板数据进行模拟之前，将运用 F 检验来检验模型的选择是否合适，涉及以下两个假设。

（1）$H_1 : \beta_1 = \beta_2 = \cdots = \beta_N$　　（斜率不同，截距不同，此为变截距模型）

（2）$H_2 : \alpha_1 = \alpha_2 = \cdots = \alpha_N, \beta_1 = \beta_2 = \cdots = \beta_N$　　（斜率不同，截距不变，此为混合模型）

根据上述两个假设，构建检验统计量，分别计算变系数模型、变截距模型和固定系数模型最小二乘估计的残差平方和，依次记为 S_1、S_2、S_3，那么 F 检验的统计量分别为：

$$F_1 = \frac{(S_2 - S_1)/[(N-1)k]}{S_1/[NT - N(k+1)]} \sim F[(N-1)k, N(T-k-1)] \quad (6-11)$$

$$F_2 = \frac{(S_3 - S_1)/[(N-1)(k+1)]}{S_1/[NT - N(k+1)]} \sim F[(N-1)(k+1), N(T-k-1)] \quad (6-12)$$

首先利用 F_2 统计量检验假设 H_2，如果 $F_2 < F_a$，则接受原假设，即选择混合回归模型；如果 $F_2 > F_a$，则拒绝原假设，需要检验假设 H_1。如果 $F_1 > F_a$，则拒绝 H_1，即选择变系数模型，反之则选择变截距模型。

通过对 2000—2020 年我国省级工业产出与工业能源消费面板数据进行个体随机效应 Hausman 检验和个体固定效应 F 检验，结果显示应选择固定效应模型。因此，选择固定效应模型进行面板回归模型估计，回归结果见表6-3。

表 6-3　生产函数的固定效应模型估计

变量	系数估计值	T 统计量
c	5.811	11.101*
$\ln L$	0.884	21.064**
$\ln K$	0.137	2.171**
$\ln E$	−0.084	−1.558*
调整 R^2	0.890**	

注：c 为各地区固定效应参数值的平均值，由于篇幅限制，各省的固定效应没有列出。

根据表 6-3 的估计结果和式(6-6)可以计算出我国东、中、西部的技术进步贡献率。结果见表 6-4。

表 6-4　2001—2020 年技术进步贡献率

年份	东部	中部	西部	全国
2001	447.71	63.89	70.49	194.03
2002	286.75	657.15	357.46	433.79
2003	17.52	−25.01	−297.04	−101.51
2004	58.49	50.90	35.59	48.33
2005	−864.75	3.50	−9.04	−290.10

续表

年份	东部	中部	西部	全国
2006	−150.37	−73.92	6.13	−72.72
2007	−16.39	15.33	30.35	9.76
2008	92.91	97.28	74.09	88.09
2009	163.32	153.06	163.48	159.95
2010	68.18	71.56	84.25	74.66
2011	25.83	50.92	34.77	37.17
2012	355.41	17.57	254.81	209.26
2013	159.18	60.42	167.31	128.97
2014	448.64	372.97	401.58	407.73
2015	200.94	82.58	263.68	182.40
2016	76.12	91.64	108.82	92.20
2017	133.81	135.95	88.00	119.25
2018	306.14	59.82	161.00	175.65
2019	250.83	87.36	97.00	145.06
2020	146.41	61.00	105.00	104.14

在获得等量的能源服务或者产品时,提高能源效率可以减少能源消费量,然而,技术进步在实现能源环境效率提高的同时,也会使经济进一步扩张,从而增加能源需求量,进而会抵消一部分基于技术进步的预期能源消费量的减少,产生能源回弹效应。根据式(6-1)和式(6-2)计算出各地区由技术进步引起的预期能源节约量和实际能源增加量以及能源回弹效应,结果见表6-5。

表 6-5　技术进步引起的工业能源增量、减量及能源回弹效应

年份	增量（万吨标准煤）				减量（万吨标准煤）				能源回弹效应（%）			
	东部	中部	西部	全国	东部	中部	西部	全国	东部	中部	西部	全国
2001	1030.43	969.38	664.55	2664.35	1958.63	1683.07	735.75	4377.45	52.61	57.60	90.32	60.87
2002	2026.13	2204.46	1740.19	5970.79	3236.33	3926.55	2620.76	9783.63	62.61	56.14	66.40	61.03
2003	896.33	−330.32	1773.70	2339.71	4831.96	1111.88	1677.56	7621.39	18.55	−29.71	105.73	30.70
2004	−1154.44	1630.34	1254.02	1729.92	2198.20	569.06	1362.94	4130.20	−52.52	286.50	92.01	41.88
2005	2176.98	4451.34	2197.32	8825.63	12003.77	3160.44	2238.93	17403.14	18.14	140.85	98.14	50.71
2006	1162.17	394.78	1027.11	2584.06	5463.53	3803.14	1117.56	10384.23	21.27	10.38	91.91	24.88
2007	14.88	−606.15	1137.96	546.69	4773.94	1793.30	1154.82	7722.06	0.31	−33.80	98.54	7.08
2008	−4952.47	−4282.04	166.63	−9067.88	−2312.01	−3527.10	433.71	−5405.41	214.21	121.40	38.42	167.76
2009	8869.72	4863.21	5081.32	18814.25	9194.09	5377.44	5598.40	20169.93	96.47	90.44	90.76	93.28
2010	−664.54	−2940.02	−1810.88	−5415.44	−779.83	−2079.46	−2300.45	−5159.73	85.22	141.38	78.72	104.96
2011	−1218.48	−2223.53	2956.39	−485.61	1267.99	981.09	3091.92	5341.00	−96.10	−226.64	95.62	−9.09
2012	3819.60	1616.07	3588.04	9023.72	5007.90	2029.60	3305.98	10343.49	76.27	79.63	108.53	87.24
2013	3535.65	1771.69	3087.13	8394.47	2719.50	921.36	2928.82	6569.69	130.01	192.29	105.41	127.78
2014	7719.92	5357.25	11371.94	24449.11	13810.23	10911.63	12682.54	37404.40	55.90	49.10	89.67	65.36
2015	5627.79	3564.47	7229.54	16421.79	8264.87	5916.50	7805.68	21987.05	68.09	60.25	92.62	74.69
2016	4581.72	2668.08	5158.33	12408.13	5492.18	3418.93	5367.25	14278.37	83.42	78.04	96.11	86.90
2017	1713.64	2149.21	3206.18	7069.03	3845.19	1993.99	3365.10	9204.28	44.57	107.78	95.28	76.80
2018	1437.90	1272.00	2116.64	4826.54	4654.36	2898.57	2241.33	9794.26	30.89	43.88	94.44	49.28
2019	141.73	1451.17	1685.33	3278.23	3426.28	1733.81	1802.13	6962.23	4.14	83.70	93.52	47.09
2020	−506.35	1540.75	1469.68	2504.08	2812.24	1151.44	1582.54	5546.21	−18.01	133.81	92.87	45.15
平均能源回弹效应									44.80	72.15	90.75	64.71

从表 6-5 中可以看出,一些年份的能源节约量是负值,这主要是因为这里的技术进步是通过索洛余值计算的,而在这些年份中,所谓广义的技术进步并未达到节约能源的效果。周勇(2007)将技术进步分解为"软"技术进步和"硬"技术进步(狭义的技术进步),"硬"技术进步必然会提高能源效应,而"软"技术进步关系到产业结构调整,所以可能使得某些年份出现能源强度升高而某些年份的能源强度降低的现象。

由表 6-5 还可以发现,由技术进步引起的能源节约量,东部地区要远高于中部和西部地区。由技术进步引起的能源消费增加量也具有相似的规律,主要归因于各区域的经济发展水平以及技术进步程度的不同。综合来看,技术进步引起的能源节约量以及能源消费增加量的大小受地区经济发展水平的影响。能源消费绝对量的变化是通过能源节约量和能源增加量来反映的,而技术进步对能源节约量的相对贡献程度则通过回弹效应反映。能源回弹效应的测算结果表明:从东部、中部和西部三大地区来看,东部地区的能源回弹效应最小,是 44.80%;中部地区次之,是 72.15%;西部地区最高,为 90.75%。从全国层面来看,2001—2020 年我国工业能源的平均回弹效应为 64.71%;其中某些年份,例如 2008 年、2010 年和 2013 年的能源回弹效应大于 100%。这表明技术进步不但没有使得能源消费量降低,反而增加了能源消费量,其他年份的能源回弹效应均小于 100%。无论是从东、中、西部各个地区还是从全国层面来看,目前都无法从历年的能源回弹效应中总结出一定的变化趋势和规律。

第三节 能源回弹测算结果分析

本书基于新古典三要素生产函数,选取资本、劳动力以及能源消费量作为投入指标,将工业总产值作为输出指标,选取我国省级层面 2000—2020 年的面板数据,对面板数据进行面板单位根检验、面板协整检验等一系列经济意义的检验;基于索洛余值计算 C-D 生产函数中的技术进步贡献率,进而计算我国省级工业部门由技术进步所导致的能源回弹效应。实证结果可归纳为两点。

(1)我国工业部门能源回弹效应的变化幅度较大,且并未呈现稳定的变化规律。技术进步存在双面性:一方面能提高能源环境效率,减少能源消费量;而另一方面,技术进步引起的经济规模的扩大会导致能源消费量进一步增加。这两方面相互作用,使得能源回弹效应呈现出较大的波动。技术进步推动了高效节能技术的发展与应用以及可再生能源替代不可再生能源这一设想成为可能,这表明节能技术的开发、推广和应用是促进能源环境效率提高和节能减排的基本手段。

(2)实证结果显示,2001—2020 年我国工业能源的平均回弹效应为64.71%,说明技术进步可以减少能源消费量,也促进了经济增长,但是预期的节能效果并未达到。所以政府部门在制定能源政策时不能只把技术进步作为节约能源的唯一措施,同时,要有适当的能源管制手段加以辅助。在市场失灵时,政府部门可以通过提高能源税率或者规范能源价格等措施来控制能源需求量的增加。

第七章　基于 EKC 模型的能源环境效率与经济增长关系的实证分析

　　通过之前的研究发现,能源强度指标与碳生产力指标尚不能准确反映出我国在"双碳"目标约束下真实的能源利用状况,也无法说明在经济保持良好发展势头的过程中,我国各地区的能源利用以及碳排放受到的影响,因此,本章将着眼于分析"双碳"目标约束背景下经济持续增长对我国能源利用效率的影响。

　　本章通过增加能源消费结构与产业结构指标为控制变量,对传统 EKC 模型进行改进,然后利用上一章测算的能源环境效率指标建立面板数据,在通过平稳性检验、协整检验与 Hausman 检验后进行回归估计,并按照国家和地区对回归结果进行对比分析。结果显示:国家层面上能源环境效率与经济增长呈现"N"形曲线关系且正处于第二个拐点后的上升阶段,能源环境技术效率呈现倒"U"形且正处在上升阶段,我国总体的能源利用与节能减排形势较为乐观。三大地区的能源环境效率随经济增长整体呈现上升趋势,东部地区的能源环境效率与经济增长呈现"N"形关系,中部和西部地区能源环境效率随经济增长不断提高;能源环境技术效率与经济增长的关系存在较大差异,东部地区呈现"N"形,中部地区为"U"形,西部地区不显著。

第一节 样本数据与 EKC 模型建立

一、变量选择与数据处理

基于前文的分析已知,能源环境效率指标由于将二氧化碳排放量作为非期望产出,更加准确地反映了我国能源利用的现状,因此本章将以各省能源环境效率(ENE)与能源环境技术效率($ENPTE$)作为实证部分的被解释变量。为了研究我国能源环境效率与经济增长的关系,本章选择了目前学术界普遍使用的环境库兹涅茨曲线作为理论模型,并在此基础上进行改进。与传统的 EKC 模型的不同在于,本章选取的衡量环境质量的指标为能源环境效率等相对量指标,解释变量在包括原有的衡量各省份经济增长水平的地区人均 GDP 及其二次项 GDP^2、三次项 GDP^3 外,还增加了产业结构($INDUS$)与能源消费结构(ENS)指标作为控制变量,以更好地反映能源环境效率与经济增长的关系。

本章的数据全部来源于 2001—2021 年中国统计年鉴以及各省统计年鉴。数据处理的具体说明如下:

(1)地区人均 GDP:根据价格指数(上年为 100)对各地区统计年鉴上公布的名义 GDP 进行调整,整理成各省以 2000 年为基期的地区实际人均 GDP。

(2)地区人均 GDP^2 与 GDP^3:根据定义,该指标可以在各省份实际人均 GDP 的基础上直接计算得到。

(3)产业结构($INDUS$):产业结构用各省份三大产业产值比重来衡量,第二产业包含众多高能耗、高污染的行业,其发展方式更为粗放,所占的比重对能源、环境与经济都具有直接关键影响。

(4)能源消费结构(ENS):该指标主要衡量原煤在各省能源消费总量中所占的比重。与石油、天然气等热值较高、燃烧过程更加清洁的能源相比,原煤的生产和利用是造成二氧化碳排放的主要来源,基于此,选择原煤在能源消费中所占的比重来进行衡量。部分省份的统计年鉴中公布的原煤消费数据是以质量(万吨)为单位的,因此需要根据国家工信部公布的原煤折标系数(0.7143)进行计算。

二、改进的 EKC 模型

EKC 模型是研究经济发展水平与环境污染之间关系的最常用的理论工具,为了更准确地研究我国能源利用效率与环境污染和经济发展水平之间的关系,选择在传统理论模型的基础上,加入产业结构(INDUS)与能源消费结构(ENS)作为控制变量,因此建立本章改进后的空间 EKC 模型如下:

(1)一次模型:

$$ENE_{i,t}=\alpha_i+\lambda_1\sum\omega_{ij}ENE_{jt}+\beta_1GDP_{it}+\beta_2INDUS_{it}+\beta_3ENS_{it}$$
$$+\lambda_2\sum\omega_{ij}X_{jt}+\upsilon_i+x_t+\mu_{it} \tag{7-1}$$

(2)二次模型:

$$ENE_{i,t}=\alpha_i+\lambda_1\sum\omega_{ij}ENE_{jt}+\beta_1GDP_{it}+\beta_2GDP_{it}^2+\beta_3INDUS_{it}$$
$$+\beta_4ENS_{it}+\lambda_2\sum\omega_{ij}X_{jt}+\upsilon_i+x_t+\mu_{it} \tag{7-2}$$

(3)三次模型:

$$ENE_{i,t}=\alpha_i+\lambda_1\sum\omega_{ij}ENE_{jt}+\beta_1GDP_{it}+\beta_2GDP_{it}^2+\beta_3GDP_{it}^3$$
$$+\beta_4INDUS_{it}+\beta_5ENS_{it}+\lambda_2\sum\omega_{ij}X_{jt}+\upsilon_i+x_t+\mu_{it} \tag{7-3}$$

其中,i 代表不同省份,$i=1,2,\cdots,N$;t 代表时间,$t=1,2,\cdots,T$;α_i 为常数项。

相应地,能源环境技术效率 $ENPTE_{it}$ 模型如下:

(1)一次模型:

$$ENPTE_{i,t}=\alpha_i+\lambda_1\sum\omega_{ij}ENETE_{jt}+\beta_1GDP_{it}+\beta_2INDUS_{it}$$
$$+\beta_3ENS_{it}+\lambda_2\sum\omega_{ij}X_{jt}+\upsilon_i+x_t+\mu_{it} \tag{7-4}$$

(2)二次模型:

$$ENPTE_{i,t}=\alpha_i+\lambda_1\sum\omega_{ij}ENETE_{jt}+\beta_1GDP_{it}+\beta_2GDP_{it}^2+\beta_3INDUS_{it}$$
$$+\beta_5ENS_{it}+\lambda_2\sum\omega_{ij}X_{jt}+\upsilon_i+x_t+\mu_{it} \tag{7-5}$$

(3)三次模型:

$$ENPTE_{i,t}=\alpha_i+\lambda_1\sum\omega_{ij}ENETE_{jt}+\beta_1GDP_{it}+\beta_2GDP_{it}^2+\beta_3GDP_{it}^3$$
$$+\beta_4INDUS_{it}+\beta_5ENS_{it}+\lambda_2\sum\omega_{ij}X_{jt}+\upsilon_i+x_t+\mu_{it} \tag{7-6}$$

能源环境效率指标综合评价了我国各省份能源利用时二氧化碳排放的影响,能源环境技术效率则从我国各省份经济运行面临的体制机制障碍等技术要素方面衡量能源环境效率的高低,也成为衡量相关服务部门管理水平的重要指标,因此,本章将会对能源环境技术效率进行回归。考虑到经济发展水平由人均 GDP 等指标进行衡量,在前文分析当中也已经对我国各地区能源环境规模效率现状进行了整体说明,因此对另一个分解指数——能源环境规模效率指标($ENSE$),在本章不再展开详细介绍。

第二节 能源环境效率与经济增长关联的实证过程

一、平稳性检验

本章采用 2000—2020 年的省级面板数据作为研究样本,对于面板数据回归,首先需要检验面板数据是否平稳,即检验随机扰动项是否与时间有关。即使是非平稳序列,在数据拟合过程中也会体现共同趋势,这种情况下即使拟合 R^2 很高,各个变量回归效果显著,但从实际意义来说还是不够的。因此,为了确保回归结果的有效性,本章检验了面板数据是否平稳,主要是选择平稳检验的标准方法——单位根检验。

如表 7-1 所示,平稳水平下由于存在单位根,因此违背了平稳序列的假设,但进行一阶差分后,数据在 1% 的显著水平下通过平稳性检验。

表 7-1 单位根检验结果(一阶差分)

	ENE	$ENPTE$	GDP	$INDUS$	ENS
LLC	-17.804^{***} (0.0000)	-6.859^{***} (0.0000)	-12.744^{***} (0.0000)	-9.395^{***} (0.0000)	-18.020^{***} (0.0000)
IPS	-7.0803^{***} (0.0000)	-4.139^{***} (0.0000)	-3.534^{***} (0.0002)	-2.842^{***} (0.0022)	-7.024^{***} (0.0000)
ADF-Fisher	154.774^{***} (0.0000)	101.480^{***} (0.0000)	113.463^{***} (0.0000)	98.461^{***} (0.0007)	166.591^{***} (0.0000)
PP-Fisher	184.404^{***} (0.0000)	157.534^{***} (0.0000)	143.352^{***} (0.0000)	160.873^{***} (0.0000)	200.831^{***} (0.0000)

二、协整检验

协整检验的目的是决定一组非平稳的时间序列,经过线性组合之后检验是否都具有长期均衡关系。本章主要选择 Kao 检验和 Pedroni 检验两种方法。Kao 检验原假设是认为各个变量间不存在协整关系,之后利用残差值来构建统计量;Pedroni 检验的原假设是变量之间不存在协整关系,是在动态多元面板数据回归中进行协整检验。

如表 7-2 所示,Pedroni 结果显示,以上两种检验存在冲突。经查阅文献可知,Luciano 在 2003 年运用 Monte Carlo 模拟对几种协整检验的方法进行比较,研究发现当 T 值较小时,Kao 检验比 Pedroni 检验结果更有效,更有代表性,因此认定本章数据通过协整检验,可以进行回归分析。

表 7-2　ENE 协整检验结果(根据 SIC 准则均滞后一阶)

	检验统计量	ENE		ENPTE	
		统计量	结论	统计量	结论
Pedroni	Panel v-Statistic	−4.374 (1.0000)	非协整	−6.130 (1.0000)	非协整
	Panel rho-Statistic	5.048 (1.0000)	非协整	4.309 (1.0000)	非协整
	Panel PP-Statistic	−19.512** (0.0000)	协整	−32.60** (0.0000)	协整
	Panel ADF-Statistic	−8.185** (0.0000)	协整	−12.10** (0.0000)	协整
	Group rho-Statistic	7.740 (1.0000)	非协整	7.214 (1.0000)	非协整
	Group PP-Statistic	−0.5529** (0.0000)	协整	−30.312** (0.0000)	协整
	Group ADF-Statistic	−8.918** (0.0000)	协整	−9.963** (0.0000)	协整
Kao 检验	DF	−1.446** (0.047)	协整	−12.409** (0.0000)	协整
Adjusted R-squared		0.787	协整	0.575	协整

三、固定效应与随机效应模型

面板数据(Panel Data)一般含变量、时间、截面三个维度的信息。研究面板数据时,按照对模型中不可观测成分的处理,将模型分解为固定效应模型与随机效应模型。

(1)固定效应模型侧重研究各自截面变量之间的关系,要求数据具有独立显著差异,适合研究个体之间进行比较。

$$y_{it} = \alpha_i + \beta_{it} x_{it} + \mu_{it} \tag{7-7}$$

其中,i 代表不同省份,$i = 1, 2, \cdots, N$;t 代表时间,$t = 1, 2, \cdots, T$。

(2)随机效应模型适合对样本数据进行推广,将对样本研究所得样本特征推广到总体中。

$$y_{it} = \alpha_i + \beta_{it} x_{it} + v_{it} \tag{7-8}$$

其中,i 代表不同省份,$i = 1, 2, \cdots, N$;t 代表时间,$t = 1, 2, \cdots, T$。

对于固定效应模型与随机效应模型的选择,一般采用 Hausman 检验原假设为个体影响与解释变量不相关即随机效应模型,备择假设为固定效应模型。

一般用 Hausman 检验对随机效应模型与固定效应模型作出选择。根据表 7-3 中 Hausman 检验的结果,在 5% 的置信水平上拒绝原假设,接受备择假设,下面选择固定效应模型来进行回归参数估计。

表 7-3　Hausman 检验结果

	卡方统计量	卡方统计量自由度	P 值
截面自由度	44.813317	5	0.0000

注:选择 5% 的显著性水平。

第三节　能源环境效率与经济增长关系的结果分析

一、全国能源利用效率与人均 GDP 的关系

根据表 7-4 的结果可知,全国能源环境效率与人均 GDP 之间呈现"N"

形曲线关系。人均 GDP 一次项系数(5.300)大于 0,二次项(-0.658)小于 0,三次项(0.032)大于 0,说明全国能源环境效率会随着人均收入的增长出现先上升、后下降、而后再次上升的发展趋势。

表 7-4 全国层面 ENE 与 ENPTE 回归结果

变量	ENE			ENPTE		
	直线	"U"形	"N"形	直线	"U"形	"N"形
W.ENE	0.7111** (0.0042)	0.6262** (0.0000)	0.5993** (0.0505)			
W.ENETE				0.6048** (0.0000)	0.7779*** (0.0051)	0.6751*** (0.0000)
GDP	2.048** (0.0000)	0.285 (0.4745)	5.300** (0.0000)	2.048** (0.0000)	2.698** (0.0000)	2.713** (0.0021)
GDP^2		0.113** (0.0000)	-0.658** (0.0000)		-0.129579** (0.0000)	-0.132 (0.2793)
GDP^3			0.032** (0.0000)			9.55×10^{-5} (0.9849)
INDUS	0.167** (0.0065)	0.135** (0.0217)	0.128** (0.0165)	0.168** (0.0065)	0.055** (0.0311)	0.055** (0.0324)
ENS	-0.218** (0.0000)	-0.225** (0.0000)	-0.138** (0.0023)	-0.218** (0.0000)	-0.139** (0.0033)	-0.139** (0.0049)

注:W.ENE 和 W.ENETE 表示 ENE 和 ENETE 的空间滞后项,下同。

　　之所以出现上述结果,主要是由我国经济所处的发展阶段决定的。汪克亮等(2013)关于我国 2000—2010 年的样本数据的研究显示,我国能源环境效率正处于倒"U"形曲线的下降区间,并预测我国能源利用可能存在下一个拐点。本章以 2009—2020 年的数据对此预测进行印证,我国能源利用效率与经济增长之间存在"N"形曲线关系,且目前正处于"N"形曲线的第二个拐点之后的上升阶段。原因有二:一是自 2002 年以来,国家不断加强对节能减排工作的重视,污染治理力度不断加大,关停并转政策的实施倒逼企业转型升级,不断提高清洁能源的投入比例,优先使用先进设备与生产技术,使得高能耗、高污染企业对环境的破坏作用不断减小。二是通过不断发展高新技术产业与高端服务业,国家产业结构得到优化升级,经济增长的碳负担不断减轻。

对于能源环境技术效率来说,"N"形曲线的各项系数没有通过检验,根据目前的研究样本,还无法确定我国是否存在"N"形曲线,因此进行"U"形曲线的回归且回归效果显著。其中一次项系数(2.698)大于 0,二次项(-0.129)小于 0,说明我国能源环境技术效率与人均 GDP 之间存在倒"U"形曲线,能源环境技术效率会随人均 GDP 的值先上升后下降,拐点大约位于人均 GDP 10 万元。目前我国的人均 GDP 为 6.46 万元左右,正处于能源环境技术效率不断提高的区间,在统计各个省份的样本中,仅有上海、北京、天津三个直辖市的人均 GDP 超过 10 万元,主要的原因可能是技术效率指标本身的特殊性。这些指标主要涉及技术水平、开放程度、人口素质、制度环境与城市服务等各个方面,体制机制等技术性指标对经济运行的障碍和刺激作用的发挥一般都是漫长而复杂的,需要经济发展到一定程度后,管理水平、体制机制与经济的冲突才会显现出来,继而政府部门才会大规模地破除弊端、进行改革。上海、北京与天津的发展水平均位于国家经济发展水平的前列,体制机制等问题早已凸显并得到有效解决,目前管理水平等因素对能源利用效率的影响比较小。对于其他省份来说,应大力发展经济,提高管理水平,通过破除体制弊端与制度阻碍实现能源环境效率的提高。对于国家来说,应该警惕体制机制变革后的效率下降。要打破这种短暂性的效率下降,需要国家不断优化经济结构以保持经济发展的长久动力,鼓励和推动技术创新,创造国家经济发展和经济效率提升的新拐点。

二、三大地区能源环境效率与人均 GDP 的关系

通过前文分析,对国家总体的能源利用效率有了清晰的认识和了解之后,考虑到我国区域经济发展存在较大差异,各地区发展不平衡的现象,对我国三大地区分别进行回归,回归结果如表 7-5 所示。东部地区呈现"N"形曲线,东部地区的能源环境效率会随着人均 GDP 的上升而先上升后下降,经过第二个拐点后继续上升。东部地区与全国能源环境效率的走势一致,说明东部地区是拉高全国能源环境效率的主干力量。中部和西部地区人均GDP 的二次项和三次项均没有通过显著性检验,只有一次项通过检验,说明中部和西部地区在目前的样本期内并不存在明显的"U"形曲线或"N"形曲

线关系。

从东、中、西部地区能源环境效率的空间相关性特征来看,东、中部地区能源环境效率具有较为显著的空间正相关特征,能源环境效率与周边地区存在紧密关联;然而西部地区能源环境效率的空间溢出效应却并不显著,这与西部地区地广人稀和地区间的产业联系不紧密有所关联。

表 7-5　三大地区能源环境效率回归结果

变量	东部			中部			西部		
	直线	"U"形	"N"形	直线	"U"形	"N"形	直线	"U"形	"N"形
$W.ENE$	1.5211** (0.0322)	1.4079** (0.0295)	1.2850** (0.0271)	1.0049** (0.0202)	0.8577* (0.0634)	1.2850* (0.0681)	0.0526 (0.4178)	0.0577 (0.6342)	0.0850 (0.5774)
GDP	2.513** (0.0000)	0.343 (0.6788)	0.899* (0.0340)	3.08** (0.0000)	0.189 (0.8711)	−6.035 (0.3194)	1.225** (0.0000)	0.993* (0.0529)	1.182 (0.4747)
GDP^2		0.122** (0.0011)	−0.206** (0.0123)		0.474** (0.0117)	2.364 (0.1939)		0.026 (0.6245)	−0.018 (0.9618)
GDP^3			0.019** (0.0000)			−0.180 (0.2955)			0.003 (0.9042)
$INDUS$	0.303 (0.1792)	0.201 (0.3467)	0.146** (0.0434)	0.214** (0.0000)	0.246** (0.0000)	0.265** (0.0000)	0.098** (0.0285)	0.103** (0.0257)	0.104** (0.0278)
ENS	−0.171 (0.1518)	−0.153 (0.1695)	−0.034 (0.7548)	0.005 (0.9426)	0.064 (0.3797)	0.067 (0.3606)	−0.305** (0.0000)	−0.312** (0.0000)	−0.31** (0.0000)

根据表 7-5 的回归系数,中部地区的一次项系数为 3.08,西部地区的一次项系数为 1.225,说明目前我国中、西部能源环境效率具有巨大的提升空间。随着人均 GDP 的不断增长,中部地区和西部地区的能源环境效率将会迅速上升,人均 GDP 每增加 1 万元,西部地区的能源环境效率将会增加 1.225,而中部地区将会增加 3.08,这与第三章中得到的中部与西部地区能源环境效率现状数据基本吻合。同时,西部地区目前能源环境效率大约维持在 0.35 的水平,远低于中部地区(0.45),且西部地区能源环境效率的增长力度不如中部地区。造成中、西部地区能源环境效率提升系数存在差距的原因在于西部地区产业结构、科技水平、管理水平等经济环境都远远落后于中

部地区,西部地区对于能源环境效率的提升应该综合考虑经济发展全局,尤其是近几年在承接东部地区的产业转移时需要结合自身优势和环境承载力度,在提高地区能源利用效率的同时兼顾产业布局和结构优化,保护当地环境质量。

三、三大地区能源环境技术效率与人均 GDP 的关系

能源环境技术效率主要衡量一个地区经济发展所需的服务和管理水平,通常包括科技水平、资本环境、制度环境、城市基础设施建设与管理水平等为企业发展提供辅助和服务的因素。如表 7-6 所示,我国东、西部地区能源环境技术效率与能源环境效率相似,也存在较大差异。东部地区呈现"N"形曲线,技术效率随着经济发展水平的提高出现先上升、后下降,然后继续上升的趋势,东部地区能源技术效率与其能源环境效率的变化趋势完全吻合。中部地区能源环境技术效率呈现"U"形曲线,随着中部地区经济发展水平的提升,其技术效率将会呈现先下降而后上升的变化趋势,拐点将会出现在人均 1.6 万元左右。截至样本期 2020 年,中部 8 个省份均已经通过拐点,进入能源环境技术效率随人均 GDP 的增加而上升的区间,技术效率的上升有利于促进中部地区经济发展水平的提高,由此印证表 2-3 中的数据——中部地区能源环境效率正处于上升期的推断。

表 7-6 三大地区能源环境技术效率回归结果

变量	东部			中部			西部		
	直线	"U"形	"N"形	直线	"U"形	"N"形	直线	"U"形	"N"形
$W.ENE$ TE	1.0058** (0.0274)	1.0036** (0.0303)	1.0040** (0.0225)	0.0581** (0.0533)	0.0601** (0.0492)	0.0622** (0.0339)	0.0526** (0.0000)	0.0577** (0.0000)	0.0850** (0.0001)
GDP	0.965** (0.0320)	3.203** (0.0000)	3.456** (0.0000)	3.096** (0.0000)	−3.401** (0.0210)	−12.489* (0.0962)	0.203 (0.4666)	−0.502 (0.5147)	3.421 (0.1682)
GDP^2		−0.126** (0.0000)	−0.275** (0.0001)		1.067** (0.0000)	3.825 (0.0889)		0.081 (0.3265)	−0.848 (0.1341)
GDP^3			0.008** (0.0140)			−0.263 (0.2149)			0.065* (0.0974)

变量	东部			中部			西部		
	直线	"U"形	"N"形	直线	"U"形	"N"形	直线	"U"形	"N"形
INDUS	−0.073	0.032	0.008	0.217**	0.289**	0.316**	0.054	0.069	0.091
	(0.6801)	(0.8366)	(0.9580)	(0.0002)	(0.0000)	(0.0000)	(0.4225)	(0.3172)	(0.1910)
ENS	−0.177*	−0.159	0.244**	−0.056	0.076	0.08	−0.449**	−0.469**	−0.428**
	(0.0608)	(0.0572)	(0.0061)	(0.5707)	(0.3977)	(0.3728)	(0.0000)	(0.0000)	(0.0000)

对于西部地区能源环境技术效率的回归并未得出确切结论，尚不能推断西部地区技术效率的变动趋势。西部各省份在经济发展水平和内部管理方面存在较大差异，例如贵州与甘肃人均 GDP 水平远低于内蒙古与重庆的人均 GDP 水平。从行政区划上看，西部地区包含我国新疆、内蒙古、宁夏、广西四个自治区，还包括我国最小的直辖市重庆市以及少数民族最多的省份云南等，西部地区复杂的社会环境造成的经济建设和管理难度可能是导致回归效果不显著的主要原因。

四、其他影响因素的回归结果分析

(一)产业结构指标(INDUS)

根据表 7-4 的回归结果，从全国层面来看，产业结构指标对我国各省份的能源环境效率与能源环境技术效率的回归结果均在 5% 的显著性水平下通过检验，且能源环境效率及其技术效率的系数均为正值，由此可以认为产业结构对我国能源环境效率的提升具有重要影响。产业布局与产业结构的优化升级直接会影响各省份的二氧化碳排放量，进而影响全国碳排放水平与能源利用效率。产业结构指标与能源环境效率的正向变动关系说明，第二产业节能减排工作取得显著成效，能源利用过程中碳排放等非期望产出的增加远小于经济产值的增加速度，第二产业在带来经济效益的同时，碳排放量相对下降。

由表 7-5 与表 7-6 的结果来看，产业结构对三大地区的能源环境效率的影响各不相同。对于东部地区来说，第二产业所占比重的增加对能源环境效率与能源环境技术效率的影响并不显著；对于中部和西部地区来说，其影响仍然显著且系数为正，能源环境效率及技术效率与第二产业产值所占的比重呈现同方向变动。主要原因在于东部地区整体的经济水平要高于中部和西部地区,其产业结构布局中第二产业所占比重相对中、西部地区要小,其对能源利用效率的影响也会因为三次产业结构和第二产业内部结构的变化而不同。对于东部地区能源环境效率提升的主要原因,可能需要更加细化的研究和分析;中、西部地区相应地符合总体预期。

（二）能源消费结构（ENS）

能源消费结构指标主要衡量的是原煤作为一次能源在生产和消费过程中的消费量所占全省能源消费量的比重。根据表 7-4,原煤所占比重与全国层面的能源环境效率及技术效率呈现明显反向变动,在 5% 的显著性水平上通过检验。原煤与清洁能源不同,煤炭燃烧将会直接导致大量碳排放。因此,煤炭所占比重越大,非期望产出所占的比重也会不断增大,导致能源环境技术效率不断降低。

能源消费结构对能源环境效率及技术效率的影响在三大地区间各有不同。对于东、中部而言,根据回归结果系数符号来看,煤炭所占比重的上升会导致能源环境效率的下降,符合实际的经济意义。效果不显著的原因可能是近几年的节能减排工作导致各地区对煤炭的开采和使用有所限制,煤炭消费量的变动量相对于总体来说还是比较小的,带来回归效果不显著。西部地区的能源消费结构与能源利用效率和技术效率都存在显著的负向变动关系,西部地区煤炭的使用和整体消费结构的调整应该在能源环境效率提高的工作中得到重视。

第八章 碳达峰约束下我国工业经济增长与节能减排协同推进的实证分析

继 2009 年首次提出 2020 年单位 GDP 二氧化碳排放较 2005 年下降 40%—45% 的控制目标后,中国在 2015 年巴黎世界气候大会上进一步承诺,到 2030 年单位 GDP 二氧化碳排放量相较 2005 年下降 60%—65%,此后又在《中美气候变化联合声明》中提出在 2030 年左右实现碳排放达峰并争取提前达峰。碳强度下降和碳排放达峰的减排"双控"目标约束既是未来经济快速发展所面临的挑战,亦是转变发展思维、实现绿色转型的机遇和杠杆。工业增长和碳减排作为我国经济低碳转型的重要推力和目标函数,在较长的周期内能否实现"珠联璧合"的双赢效果?空间异质环境下二者协同发展的省级差异又如何?本章在碳减排"双控"目标约束下,通过情景预测和路径模拟综合评估我国工业绿色发展水平,并将区域异质特征纳入考量。

第一节 情景设定与数据说明

一、情景设定

减排的内涵并不局限于二氧化碳绝对量的减少,考虑到我国现阶段的国情发展要求和减排难度,采用相对减排标准,即碳排放增长率的下降,具有一定的合理性,而对于绝对量减排的强制性减排模式则在书中不予分析。与以往的研究中将研究区间延伸至较长的时间节点不同,本书基于我国所承诺的到 2030 年或者更早的碳排放达峰目标设计了 6 种减排路径,依次分别为碳排放总量在 2025 年、2026 年、2027 年、2028 年、2029 年和 2030 年达到峰值,即碳排放增长率在相应的年份均匀下降为 0。同时,考虑到我国能源消费"路径锁定"特征和二氧化碳引致排放,本书选取 2020 年作为碳排放增长率分析的初始年份。

在工业增长情景设定中,考虑到"十二五"期间我国工业部门平均增速保持在 8%,而"十三五"工业的平均增速约为 7.68%,在劳动力和资本存量等投入产出水平不变的前提下我国工业产值增长速度较有可能保持平稳,因此,工业增速的基准情景设为 8%。一方面,在我国当前经济面临下行压力和节能减排的能耗控制目标的背景下,设置低经济增速情景分别为 6% 和 7%;另一方面,新常态下的经济动能转型有助于释放工业部门发展潜能,技术进步、产品升级和需求增长可能拉动工业增速提升,本书由此设置高经济增速情景为 9% 和 10%。

节能目标的设定则是依据"十三五"规划中提出的"2020 年全国万元国内生产能耗比 2015 年下降 15%,能耗总量控制在 50 亿吨标准煤内"的目标。由于工业部门是我国能源的消费主体,同时也是节能减排和低碳达标的"主力军",因此将这一降耗指标应用于工业部门较为合理。同时基于"十二五"规划期间工业部门超额实现单位 GDP 降耗 16% 的目标的经验来看,年均下降 3% 的目标具有一定的现实可行性。在工业经济增长和单位能耗下降情景设定的基础上,能够推算出所对应的能源消费年均增速分别为 2.8%、3.8%、4.8%、5.7% 和 6.7%。进一步地,本书认为不同工业增速和能源消费增速下的碳排放惯性亦随之强化,因此假定不同路径下 2020 年可能的碳排放增速值有所差异。进一步地,利用上述情景设定与节能减排动态行为模型进行嵌套分析,其中方向向量 $g = (g_y, -g_b)$ 中期望产出 y 与非期望产出 b 的变化率即为设定的工业增速和碳排放增速下降幅度,投入要素中资本存量和劳动力数据采用 2000—2020 年历史平均变化率,而能源投入数据变化率则基于能源强度年均下降 3% 所得出的能源消费增长率。

二、数据说明

基于 2000—2020 年我国省级工业部门历史数据,通过非期望产出强弱可处置性下的方向性距离函数模型与情景分析方法的结合应用,综合预测 2023—2030 年我国工业部门经济增长与节能减排的协同路径。具体而言,劳动力投入主要选取各地区工业部门年末用工人数,能源消费数据则采用工业部门一次能源使用量替代,工业资本存量数据利用永续盘存法估算,基期 2000 年的资本存量 K 参考张军和章元(2003)以及张军等(2004)的研究,固定资产投资形成增长率采用 1953—1957 年的拟合值的平均值来表示。期望产出选用工业总产值,而非期望产出则用二氧化碳排放量表示,各地区工业二氧化碳排放量来源于中国碳排放数据库(CEADs)所公布的碳排放数据以及利用省级层面的能源消费总量测算得到。本书研究的原始数据主要来源于相应年份的中国统计年鉴、中国工业经济统计年鉴和中国能源统计年鉴等。

第二节 工业增长与碳减排双赢发展的最优化路径分析

一、双赢发展的最优化路径筛选

基于前述的 5 种经济发展、能源消费情景和 6 条工业碳排放达峰路径,本节针对 30 种减排政策组合的潜在产出与损失进行具体分析,结果如表8-1所示。其中,β_F、L 和净额 ω 依次表示预测区间内不同政策组合情景下我国工业部门潜在的产出、损失和发展净值。结果显示,30 种政策组合情景中由于节能减排政策实施而导致的工业部门潜在损失均为负值,即在未来较长周期内工业部门仍难以达到经济增长与节能减排的双赢目标,因此,最优化路径的选择要保证潜在损失尽可能小。不过,这样的结果并不足以证明"环境波特假说"不成立,原因在于,在不同的经济发展和节能减排情景中,随着碳排放达峰年份的延迟,工业部门节能减排的潜在损失绝对值不断减小,说明渐进型减排模式符合最优化减排路径要求。尽管节能减排造成一定程度的潜在损失,但潜在产出和工业发展净值始终为正。就潜在产出而言,在 6% 和 10% 的工业经济增速情景中,潜在产出呈现出逐步降低的态势,说明较快或较慢的工业发展速度均会改善生产无效率状态;反之,7%、8% 和 9% 经济增速情景中工业发展的潜在产出则存在扩大趋势,说明在现阶段高投入、高产出发展模式下工业生产效率存在进一步下滑的风险,从而证明了转变经济发展模式、调整投产结构和积极节能减排的必要性。从工业发展净值的变化趋势来看,不同节能减排情景中的净额 ω 均呈上升态势,其上升空间由 6% 组的[0.0722,0.0919]到了 7% 组的[0.1154,0.1287]。

表 8-1　差异化节能减排情景下我国工业增长预测结果

经济高增速	产出增长率 9%,能耗增长率 5.7%			产出增长率 10%,能耗增长率 6.7%		
	β_F	$L=\beta_R-\beta_F$	净额 ω	β_F	$L=\beta_R-\beta_F$	净额 ω
2025 年达峰	0.1580	−0.0570	0.1009	0.1881	−0.0693	0.1187
2026 年达峰	0.1604	−0.0558	0.1046	0.1864	−0.0668	0.1195
2027 年达峰	0.1627	−0.0545	0.1082	0.1847	−0.0642	0.1204
2028 年达峰	0.1651	−0.0532	0.1118	0.1830	−0.0617	0.1213
2029 年达峰	0.1675	−0.0520	0.1155	0.1813	−0.0592	0.1221
2030 年达峰	0.1707	−0.0484	0.1222	0.1725	−0.0458	0.1266
低经济增速	产出增长率 6%,能耗增长率 2.8%			产出增长率 7%,能耗增长率 3.8%		
	β_F	$L=\beta_R-\beta_F$	净额 ω	β_F	$L=\beta_R-\beta_F$	净额 ω
2025 年达峰	0.1349	−0.0429	0.0919	0.1734	−0.0580	0.1154
2026 年达峰	0.1262	−0.0376	0.0886	0.1738	−0.0561	0.1176
2027 年达峰	0.1176	−0.0322	0.0853	0.1741	−0.0543	0.1198
2028 年达峰	0.1089	−0.0268	0.0820	0.1745	−0.0524	0.1221
2029 年达峰	0.1003	−0.0214	0.0788	0.1749	−0.0505	0.1243
2030 年达峰	0.0830	−0.0107	0.0722	0.1756	−0.0468	0.1287
基准经济	产出增长率 8%,能耗增长率 4.8%					
	β_F		$L=\beta_R-\beta_F$		净额 ω	
2025 年达峰	0.1681		−0.0582		0.1099	
2026 年达峰	0.1691		−0.0568		0.1122	
2027 年达峰	0.1702		−0.0555		0.1146	
2028 年达峰	0.1712		−0.0542		0.1169	
2029 年达峰	0.1722		−0.0528		0.1193	
2030 年达峰	0.1708		−0.0394		0.1313	

注:表中结果采用 2023—2030 年预测结果均值。

进一步地,通过不同减排路径下的工业潜在产出、损失以及发展净值的对比分析可知,在相同的碳达峰目标年份中,较高的经济增速下工业发展净值较高,且碳达峰目标年份越靠后则净额越高。其中,以2030年作为碳排放达峰目标年份,10%经济增速下的净额0.1266、7%经济增速下的净额0.1287和8%经济增速下的净额0.1313均处于较高的水平。因此,最优化路径应当处于上述方案之中。同时,考虑到生产过程中的无效率状态,上述三种方案所对应的潜在产出平均效率值依次为0.1725、0.1756和0.1708。无论是潜在产出增长还是产出净值,2030年碳达峰目标下产出增长率8%、能耗增长率4.8%这一路径均处于更优的水平。基于工业发展现实情况的考虑,能耗增长率维持在4.8%的水平与我国降耗转型的发展要求基本契合,8%的产值增长率也属于我国未来工业发展的可期目标。一方面,自"十二五"规划以来我国工业部门长期保持着8%左右的增速,现阶段我国经济发展虽然面临下行压力,但新常态下的经济结构转型和发展方式转变能够为经济部门提供机遇和杠杆,从而有助于释放工业发展潜能;另一方面,2030年碳排放达峰的目标能够在及时兑现我国减排承诺的同时,有效避免激进的减排方式导致较多的产出损失。

二、双赢发展的最优化路径动态前景分析

通过估算工业部门潜在产出与潜在损失的差值,将其作为实现工业双赢发展的最优化路径的选择标准具有一定的合理性,但相关分析主要聚焦于预测区间内的平均节能发展效果和工业增长过程,缺乏对工业部门双赢发展的动态前景分析。"工业双赢发展的长效机制能够在上述最优化路径下形成"的论断仍需进一步证明。因此,基于"2030年碳达峰目标下产出增长率8%、能耗增长率4.8%"这一最优化路径,本部分利用脱钩模型,从"速度脱钩"和"数量脱钩"两个层面对工业双赢发展的动态趋势展开分析,从而对上述双赢发展最优化路径的可行性进行补充分析。

基于工业增长和碳减排双赢发展最优化路径下我国工业总产值和碳排放预测结果,本节针对2023—2030年我国工业部门碳排放"速度脱钩"状态和"数量脱钩"状态展开评估,相关结果如表8-2所示。可以看出,在8%的预期工业产出增长情景中,我国工业部门的速度脱钩状态长期处于弱脱钩,即存在环境压力与经济增长的背离趋势,但尚未达到双赢发展的目标状态。值得注意的是,2023—2030年我国工业部门的速度脱钩弹性整体上不断降

低,说明弱脱钩特征得以强化,特别是2030年作为碳排放由正转负的关键时间节点,工业部门将由弱脱钩向强脱钩趋近。与之不同,在考虑碳强度绝对量变化的数量脱钩分析中,我国工业部门在2023—2030年则是长期处于增长联结状态,且在2029—2030年出现由增长弱脱钩向增长强脱钩的转变,这一结果同样反映了工业部门碳排放脱钩不断强化的动态趋势。对比来看,我国工业部门速度脱钩的表现略优于数量脱钩,其弱脱钩状态出现较早且稳定。综合上述分析,最优化路径下我国工业部门在未来短期内难以实现节能减排与绿色增长的双赢,但趋于强化的脱钩特征证明了双赢目标未来可期,且能够保证在时间维度上长效稳定。同时,这一最优化路径为工业经济增长和节能减排这一现实矛盾的解决提供了思路,有助于形成稳定利好的脱钩关系,最终推动工业部门低碳减排和可持续发展。

表8-2 最优化路径下工业增长与碳排放的脱钩关系

年份	速度脱钩				数量脱钩			
	$\Delta CO_2 / CO_2$	$\Delta GDP / GDP$	e	状态	R_1	R_2	E_i	状态
2023	0.0329	0.08	0.4112	弱脱钩	0.0456	0.08	0.5700	增长联结
2024	0.0282	0.08	0.3525	弱脱钩	0.0504	0.08	0.6297	增长联结
2025	0.0235	0.08	0.2938	弱脱钩	0.0552	0.08	0.6900	增长联结
2026	0.0188	0.08	0.2350	弱脱钩	0.0601	0.08	0.7509	增长联结
2027	0.0141	0.08	0.1762	弱脱钩	0.0650	0.08	0.8123	增长联结
2028	0.0094	0.08	0.1175	弱脱钩	0.0699	0.08	0.8743	增长联结
2029	0.0047	0.08	0.0587	弱脱钩	0.0749	0.08	0.9368	增长弱脱钩
2030	0.0000	0.08	0.0000	弱脱钩	0.0800	0.08	1.0000	增长强脱钩

注:表中所汇报的数量脱钩参考刘志红和曹俊文(2017)的做法计算得到。其中,R_1表示碳排放变化率,R_2表示经济增长率,E_i表示碳排放弹性。

第三节 工业增长与碳减排双赢
发展的空间异质性分析

一、双赢发展最优化路径下省级工业增长的异质特征

上述分析仅仅是针对国家工业部门节能减排和经济发展的整体预测评估,若考虑空间环境异质性的存在和环境政策行为对于不同主体双赢发展的差异化影响,那么对省级工业增长和碳减排具体情况的考察则能够更清晰地展现"2030年碳达峰目标下产出增长率8%、能耗增长率4.8%"这一最优化路径的效果,结果如图8-1所示。

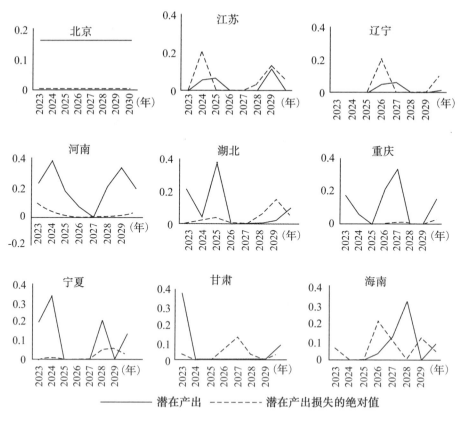

图8-1 最优化路径下各省份双赢发展前景预测
（注:仅列出东、中、西部分省份）

不难看出,实线所代表的潜在产出显著高于虚线所代表的潜在产出损失的绝对值,其余尚未列出的省份也均符合这一基本结论。省级潜在产出在最优化路径下呈现出较大的波动态势,从而反映出要素结构调整和节能减排等环境规制对于工业生产所形成的较大冲击,但整体变化趋势与全国工业部门保持相对一致。反观各省份的潜在产出损失变化曲线,其整体波动幅度较小且呈现走低的趋势。尽管在未来较短区间内潜在产出的损失尚未由负转正,即达到节能减排与工业发展的双赢状态,但潜在损失随着时间推移而逐渐接近于 0 的变化趋势却证明双赢发展的目标是可期的。

　　值得注意的是,由于地区间工业结构、发展水平以及资源禀赋等方面的差异,在同一优化路径下不同省份的经济增长与节能减排协同发展的表现差异显著。通过图 8-1 部分省份工业节能发展平均累计效果的横向比较可知,潜在产出和潜在损失水平存在明显的空间异质特征。从潜在产出效果来看,北京和江苏等地的生产无效率程度较低,且北京工业发展基本实现了有效率生产,而海南、河南和重庆等地的潜在生产空间则较大,意味着相关省份工业发展过程中尚存在管理不足、资源浪费以及生产技术有待改进等问题。而从潜在产出水平来看,包括辽宁、湖北以及江苏等省份在内的潜在产出渐趋于 0,说明节能减排对上述省份造成的工业产值损失不断降低,这也再次印证了前文中"环境波特假说"在较长周期内有望实现的结论。

　　由上文可知,基于 30 个省份的具体情况考察的区域工业发展的双赢模式变化差异显著。本书通过东部、中部和西部的地区划分,对工业双赢发展的空间特征加以考察,结果如图 8-2 和图 8-3 所示。整体来看,区域工业节能减排的潜在损失呈现出"东部＞中部＞西部"的特征,东部地区工业节能减排整体潜在损失约为 8％,其中北京 12％ 的潜在损失水平远高于其他省份,而西部地区的平均潜在损失水平则不足 4％。究其原因,东部省份整体工业化发展水平较高,生产效率、技术水平以及能源结构等改进的空间较小,节能发展的效益回馈难以弥补其损失;而中西部地区工业经济发展相对落后,潜在的改进空间较大,碳减排成本相对较低,因此碳减排所造成的潜在损失也相对较小。从各省份的横向比较结果来看,安徽省工业发展与碳减排的双赢发展效果最好,而宁夏、陕西和四川等中西部省份也将在这一优化路径中迎来转型发展的关键契机。综合上述分析,基于"2030 年碳达峰目标下产出增长率 8％、能耗增长率 4.8％"的最优化路径,纵向维度中,各省份碳减排与工业增长的双赢状态"渐入佳境";横向维度中,省级工业双赢发展的差异显著,相较于东部省份,中西部地区实现工业发展和碳减排双赢的目标难度更小。

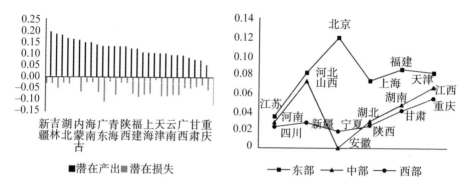

图 8-2 最优化路径下潜在产出与损失比较　图 8-3 最优化路径下区域工业双赢发展比较

二、双赢发展最优化路径下省级碳减排的异质特征

以上确定的最优化路径能够在碳排放达峰的减排约束下推动我国工业部门节能发展,并且在省级层面得到了进一步的验证,但基于我国碳减排的"双控"目标约束,同时又引发出新的疑问:这一最优化发展路径是否能够兼顾碳强度下降的减排要求? 最优路径下各省份碳强度指标下降的具体情况如何? 针对碳强度变化的关键指标,本书将以"2030 年碳强度下降 60%—65%"的减排目标为背景,考察最优路径下碳强度的减排情况。绝大多数省份的碳排放强度呈现出不同程度的下降趋势,其中陕西、安徽和北京等地的下降幅度较大;相反,内蒙古、青海、新疆、黑龙江和海南等地的减排形势不容乐观。基于上述各省份碳强度减排的基本现实,2030 年碳强度减排目标完成情况预测如表 8-3 所示。

表 8-3　最优化路径下省级碳强度减排预测结果

	2005 年碳强度	2030 年碳强度	变化率	2030 年相对目标	2030 年绝对目标
安徽	7915.50	1619.62	−79.54%	实现	接近
北京	4731.56	947.76	−79.97%	实现	实现
福建	3006.72	864.76	−71.24%	实现	实现
甘肃	12902.05	4080.66	−68.37%	实现	差距较大

续表

	2005 年碳强度	2030 年碳强度	变化率	2030 年相对目标	2030 年绝对目标
广东	2200.89	731.88	−66.75%	实现	实现
广西	4723.99	1808.69	−61.71%	接近	接近
贵州	17265.74	2852.30	−83.48%	实现	接近
海南	3880.29	3788.78	−2.36%	差距较大	差距较大
河北	7368.61	2514.78	−65.87%	实现	接近
河南	5944.48	1275.84	−78.54%	实现	实现
黑龙江	7169.89	3846.66	−46.35%	差距较大	差距较大
湖北	5734.18	1185.91	−79.32%	实现	实现
湖南	6458.80	1243.54	−80.75%	实现	实现
吉林	9128.14	1604.97	−82.42%	实现	接近
江苏	3472.66	1031.19	−70.31%	实现	实现
江西	5258.13	1370.40	−73.94%	实现	实现
辽宁	9915.85	3125.96	−68.48%	实现	差距较大
内蒙古	14130.49	5960.45	−57.82%	接近	差距较大
宁夏	27463.02	7607.16	−72.30%	实现	差距较大
青海	8810.27	3248.30	−63.13%	接近	差距较大
山东	5956.11	1338.08	−77.53%	实现	实现
山西	11866.43	4029.64	−66.04%	实现	差距较大
陕西	11167.74	1436.50	−87.14%	实现	实现
上海	2989.67	1078.84	−63.91%	接近	实现
四川	5342.60	1272.06	−76.19%	实现	实现
天津	3874.16	978.94	−74.73%	实现	实现
新疆	11669.29	5916.35	−49.30%	差距较大	差距较大
云南	9028.79	2272.44	−74.83%	实现	接近
浙江	3571.95	934.78	−73.83%	实现	实现
重庆	4808.18	1143.08	−76.23%	实现	实现

基于"2030年碳排放强度相较于2005年下降60%—65%"的减排任务，本书依次设定碳排放强度相对目标和绝对目标。具体来说，相对目标考察碳排放强度是否达到65%，按照减排比例的不同划分为实现（≥65%）、接近（45%—65%）和差距较大（≤45%）三个阶段；绝对目标则是考察碳强度值是否能够低于1149.70千克/万元，具体包括差距较大（≥3000千克/万元）、接近（1149.70—3000千克/万元）和实现（≤1149.70千克/万元）三个等级。绝大多数省份均能够及时达到相对减排目标，而绝对减排目标实现情况仍然不尽理想，与减排目标差距较大的包括甘肃、海南以及新疆等地区。

综合上述分析，在前文所确定的工业增长与碳减排的最优化路径下，我国工业部门整体上基本可以完成2030年碳排放强度减排目标，从而再次印证这一路径的合理性。基于田云和陈池波（2019）提出的"减排后进"概念，本书把2030年减排目标差距较大的省份定义为"后进减排区域"。基于省级发展的异质特征，部分"后进减排区域"的碳排放强度情景并不乐观，具体如表8-4所示。不难看出，"后进减排区域"集中于中西部较为落后的地区（新疆、宁夏、内蒙古等）和重工业比重偏高的地区（山西、辽宁等）。而在前文对最优化减排路径下工业绿色增长的分析中，同样发现此类省份潜在产出损失较小，工业发展与节能减排的双赢机会和获利空间更大。因此有必要通过对"后进减排区域"碳减排目标的重构使之与最优化路径相匹配，即分别考虑可行性和公平性原则，基于最优化路径下的减排成本约束和平均减排速度设置差异化减排目标，从而在保障工业部门整体减排效果的同时，尽可能合理有序地推进各省份的减排工作。

表8-4 最优路径下省级碳强度减排聚类结果

2030年		绝对目标		
		实现	接近	差距较大
相对目标	实现	—	安徽、吉林、贵州、河北、云南	甘肃、辽宁、宁夏、山西
	接近	上海	广西	青海、内蒙古
	差距较大	无	无	海南、黑龙江、新疆

注："—"表示相对目标和绝对目标均如期完成的省份，暂不列出。

第九章　典型性省份工业行业经济增长与碳排放脱钩和耦合的实证分析
——基于山东省数据

　　山东省工业行业 2001—2020 年 GDP 与碳排放量之间的 Pearson 相关性系数高达 0.936,说明两者之间存在非常紧密的联系。"双碳"目标约束背景下,为了进一步研究两者之间的脱钩关系,本章将运用 Tapio 脱钩模型具体分析 2001—2020 年山东省工业行业碳排放与经济增长的关系。

第一节　山东省工业行业经济增长与碳排放的脱钩状态分析

一、工业行业经济增长与碳排放的脱钩状态分析

　　本书在第一章介绍 Tapio 脱钩模型时,对该脱钩模型的指标体系和测算公式进行了详细阐释,在此利用 2001—2020 年山东省工业行业 GDP 与碳排放的指标,计算出工业行业经济增长与碳排放的脱钩弹性值和脱钩状态,如表 9-1 所示。需要注意的是,由于山东省工业行业的 GDP 呈连年增长趋势,不存在 $\Delta GDP < 0$ 的情况,因此本书的脱钩类型中不存在衰退联结、衰退脱钩、弱负脱钩、强负脱钩等四种情形。

表 9-1　2001—2020 年山东省工业行业经济增长与碳排放的脱钩指数与脱钩状态

年份	CO_2 变化率	GDP 变化率	弹性值 T	脱钩状态
2001	16.86%	9.23%	1.83	扩张负脱钩
2002	13.67%	12.86%	1.06	扩张联结
2003	28.55%	13.18%	2.17	扩张负脱钩
2004	23.34%	16.23%	1.44	扩张负脱钩
2005	19.10%	16.01%	1.19	扩张联结
2006	−2.09%	15.43%	−0.14	强脱钩
2007	4.07%	14.74%	0.28	弱脱钩
2008	3.83%	13.66%	0.28	弱脱钩
2009	4.75%	12.30%	0.39	弱脱钩
2010	5.63%	11.63%	0.48	弱脱钩
2011	4.17%	10.80%	0.39	弱脱钩
2012	4.63%	7.16%	0.65	弱脱钩
2013	4.67%	6.43%	0.73	弱脱钩
2014	3.24%	4.43%	0.73	弱脱钩
2015	1.16%	2.25%	0.52	弱脱钩
2016	1.23%	6.48%	0.19	弱脱钩
2017	−2.10%	4.05%	−0.52	强脱钩
2018	1.20%	0.43%	2.79	扩张负脱钩
2019	1.99%	0.63%	3.15	扩张负脱钩
2020	1.06%	1.01%	1.05	扩张联结

从脱钩弹性值(见表 9-1 和图 9-1)来看,2001—2005 年,山东省工业行业的脱钩弹性值波动较大,这主要是因为碳排放量增长率波动较大。2006年,受国家"十一五"规划的影响,山东省大力实行节能减排,工业行业碳排放量首次实现负增长,但经济水平实现了高速增长,因此脱钩弹性值表现为负值。2007—2014 年脱钩弹性值总体呈现增长趋势,出现这种状态的原因是,尽管这些年碳排放量增长率均小于行业 GDP 增长率,但是碳排放量增长率的下降速度要慢于行业 GDP 增长率的下降速度。也就是说,虽然碳排

放量增长率得到一定控制,呈不断下降趋势,但是行业 GDP 增长率也逐步放缓,经济增长后劲不足。随着新的环境保护法的施行和环保督察的常态化,2015 年开始,工业行业的碳排放量增长率明显降低,经济增长速度略有回升,脱钩弹性值也表现为逐年下降,2017 年脱钩弹性值为−0.52。然而,2018 年以来,山东省工业经济增长与碳排放的脱钩弹性却出现明显的反弹,2018—2020 年分别为 2.79、3.15 和 1.05。

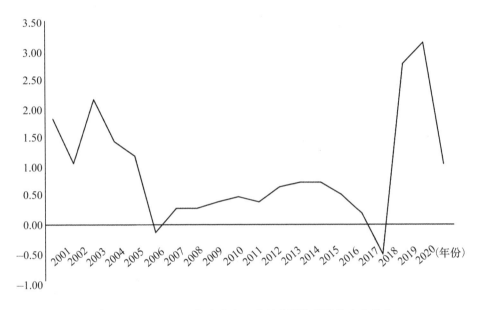

图 9-1 2001—2020 年山东省工业行业脱钩弹性值变化趋势

从脱钩状态(见表 9-1)来看,碳排放量增长率要大于行业 GDP 的增长率,所以 2001—2005 年山东省工业行业表现为扩张联结和扩张负脱钩两种脱钩状态交替出现。2006 年,山东省工业行业表现为强脱钩。2007—2016 年,工业行业碳排放量增长率均小于行业 GDP 增长率,所以脱钩状态均表现为弱脱钩。直至 2017 年,受环保风暴影响,工业行业碳排放量再次实现负增长,脱钩状态表现为强脱钩。2018—2020 年的脱钩状态则不容乐观,依次表现为扩张负脱钩、扩张负脱钩与扩张联结。

二、山东省工业行业脱钩状态与山东省总体脱钩状态的比较

参照前文中对山东省工业行业经济增长与碳排放之间的脱钩弹性的分析,计算出山东省总体经济增长与碳排放的脱钩状态(见表 9-2)。

表 9-2　2001—2020 年山东省总体经济增长与碳排放的脱钩指数与脱钩状态

年份	CO_2 变化率	GDP 变化率	弹性值 T	脱钩状态
2001	16.86%	10.04%	1.68	扩张负脱钩
2002	14.90%	11.73%	1.27	扩张负脱钩
2003	20.74%	13.41%	1.55	扩张负脱钩
2004	22.01%	15.40%	1.43	扩张负脱钩
2005	24.57%	15.00%	1.64	扩张负脱钩
2006	2.75%	14.72%	0.19	弱脱钩
2007	1.46%	14.22%	0.10	弱脱钩
2008	4.22%	12.02%	0.35	弱脱钩
2009	5.56%	12.18%	0.46	弱脱钩
2010	6.06%	12.30%	0.49	弱脱钩
2011	5.09%	10.86%	0.47	弱脱钩
2012	4.45%	9.76%	0.46	弱脱钩
2013	4.56%	9.56%	0.48	弱脱钩
2014	3.30%	8.70%	0.38	弱脱钩
2015	3.43%	7.95%	0.43	弱脱钩
2016	1.50%	7.95%	0.19	弱脱钩
2017	−4.31%	7.00%	−0.62	强脱钩
2018	1.20%	3.20%	0.38	弱脱钩
2019	1.99%	5.84%	0.34	弱脱钩
2020	1.06%	5.77%	0.18	弱脱钩

　　根据表 9-2 中的信息我们会发现,山东省总体的脱钩状态与工业行业的脱钩状态大体一致。2001—2005 年,山东省总体经济增长与碳排放的脱钩状态表现较为稳定,碳排放量增长率大于全省 GDP 增长率,均表现为扩张负脱钩。2006—2016 年,碳排放量增长率均小于全省 GDP 增长率,表现为弱脱钩状态。2017 年,与工业行业的情况类似,全省碳排放总量也出现了负增长,脱钩状态表现为强脱钩。2018—2020 年则均表现为弱脱钩。

　　从弹性值来看,如图 9-2 所示,由于碳排放量增长率的波动,2001—2005

年,山东省总体的脱钩弹性值也呈现较小的波动,总体维持在 1.5 的水平。2006—2015 年,脱钩弹性值呈现先急速下降后趋于平稳的态势。出现这种状态的原因是,这一时期国家主张建设环境友好型社会,提倡绿色发展,碳排放量的增长得到了一定的控制,同时碳排放量增长率的下降速度与 GDP 增长率的下降速度大体一致,使二者的脱钩弹性值稳定在 0.5 左右。2016 年以后,碳排放量的增长速度明显下降,2017 年脱钩弹性值首次表现为负值,但在 2018 年之后则出现明显反弹。

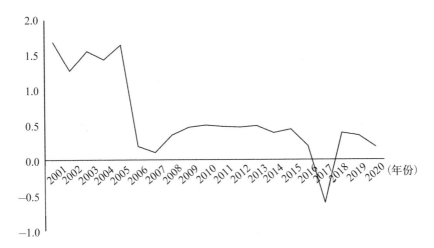

图 9-2 2001—2020 年山东省总体脱钩弹性值变化趋势

将山东省工业行业脱钩状态与全省总体脱钩状态进行对比可知,二者在 2001—2005 年的脱钩状态差别较大,工业行业表现为扩张负脱钩和扩张联结交替出现,而全省总体则稳定表现为扩张负脱钩状态。2006 年开始,两者的状态均向脱钩转变,工业行业 2006 年的脱钩状态甚至表现为强脱钩,之后二者均稳定为弱脱钩状态,2017 年又出现了强脱钩,且在 2018 年以后表现出一致的反弹趋势。总的来说,在国家的环保督查"高压"下,山东省近几年的碳排放量得到了有效的控制,但是工业行业经济增长后劲不足,碳排放量占比居高不下,因此山东省一方面应该引进先进技术,继续降低工业行业的能源消耗和碳排放,并努力促进行业绿色化转型,另一方面应该积极寻求新的经济增长点,以创新为驱动力,实现工业行业乃至全省经济增长和碳排放的长期强脱钩。

第二节　山东省工业行业碳排放影响因素分析
——基于 LMDI 分解法

一、LMDI 分解法

对数平均迪氏指数（LMDI）分解法被广泛应用于能源消耗碳排放分解领域。与 Paasche 分解法等其他常用方法不同的是，LMDI 分解法可以分解影响因素，且分解后的残差值为 0，而其他方法则不能进行多因素分解，且分解得到的残差值一般较大。鉴于 LMDI 分解法存在诸多优点，世界各国的学者都喜欢运用该方法研究能源消耗碳排放分解等领域的问题。因此，在对山东省工业行业碳排放与经济增长的脱钩状态进行分析之后，本章运用 LMDI 方法深入分析影响山东省工业行业碳排放量变动的具体因素，以期挖掘出 2001—2020 年山东省工业行业碳排放与经济增长的脱钩状态发生变动的深层次原因。在参考国内外学者关于碳排放影响因素研究文献的基础上，本书从碳强度效应、能源结构效应、能源强度效应、经济产出效应和人口规模效应五个因素入手，分析各因素对山东省工业行业碳排放量变化的影响程度。

本书采用以下基本公式对山东省工业行业碳排放轨迹 C 进行分解：

$$C = \sum_i C_i = \sum_i \frac{C_i}{E_i} \times \frac{E_i}{E} \times \frac{E}{GDP} \times \frac{GDP}{P} \times P = \sum_i U_i \times S_i \times I \times R \times P \quad (9\text{-}1)$$

其中，i 代表能源消耗类别。本书的能源类别主要为煤、石油、天然气、其他（这里的煤的消耗量是指煤炭、焦炭等各类煤品加总得到的总消耗量，石油的消耗量是由原油、汽油等油料加总得到的总消耗量），C_i 代表第 i 种能源的碳排放量，E_i 代表第 i 种能源的消耗量，E 代表能源消耗总量，P 代表年平均人口。$U_i = C_i / E_i$，为第 i 种能源的碳排放系数，即碳强度效应；$S_i = E_i / E$，为第 i 种能源消耗量占能源消耗总量的比重，代表能源结构效应；$I = E / GDP$，为单位 GDP 所消耗的能源量，代表能源强度效应，能源消耗强度越高，能源利用效率越低；$R = GDP / P$，为人均 GDP，代表经济产出效应；P 代表人口规模效应。

LMDI 分解法有"加法模式"和"乘法模式"两种分解模式,两种模式下第 T 期的碳排放量相对于基期的变化可以表达为:

$$\Delta C = C_T - C_0 = \sum_i U_{i,T} \times S_{i,T} \times I_T \times R_T \times P_T - \sum_i U_{i,0} \times S_{i,0} \times I_0 \times R_0 \times P_0$$
$$= \Delta C_U + \Delta C_S + \Delta C_I + \Delta C_R + \Delta C_P \tag{9-2}$$

$$D = \frac{C_T}{C_0} = \frac{\sum_i U_{i,T} \times S_{i,T} \times I_T \times R_T \times P_T}{\sum_i U_{i,0} \times S_{i,0} \times I_0 \times R_0 \times P_0} = D_U \times D_S \times D_I \times D_R \times D_P \tag{9-3}$$

其中,ΔC_U、D_U 分别为加法效应和乘法效应下的碳排放强度因素对碳排放量变化的影响程度,ΔC_S、D_S 分别为加法效应和乘法效应下的能源消耗结构因素对碳排放量变化的影响程度,ΔC_I、D_I 分别为加法效应和乘法效应下的能源消耗强度因素对碳排放量变化的影响程度,ΔC_R、D_R 分别为加法效应和乘法效应下的经济产出因素对碳排放量变化的影响程度,ΔC_P、D_P 分别为加法效应和乘法效应下的人口规模因素对碳排放量变化的影响程度。

值得注意的是,由于每年碳排放系数基本不发生变化,在计算过程中一般取为常量,因此在进行因素分解时,ΔC_U 可以不作为因素考虑,则式(9-2)可改为:

$$\Delta C = C_T - C_0 = \Delta C_S + \Delta C_I + \Delta C_R + \Delta C_P \tag{9-4}$$

基于式(9-1),对影响山东省工业行业碳排放量变化的各因素进行分解,具体推导过程如下:

对式(9-1)两边取关于时间 t 的导数,可得碳排放量的瞬时变化率为:

$$\frac{dC}{dt} = \sum_i \frac{dU_i}{dt} \times S_i \times I \times R \times P + \sum_i U_i \times \frac{dS_i}{dt} \times I \times R \times P + \sum_i U_i \times S_i$$
$$\times \frac{dI}{dt} \times R \times P + \sum_i U_i \times S_i \times I \times \frac{dR}{dt} \times P + \sum_i U_i \times S_i \times I \times R \times \frac{dP}{dt}$$
$$\tag{9-5}$$

式(9-5)两边同时除以 C 得:

$$\frac{1}{C} \times \frac{dC}{dt} = \sum_i \frac{1}{U_i} \times \frac{dU_i}{dt} \times \frac{U_i}{C} \times S_i \times I \times R \times P + \sum_i U_i \times \frac{1}{S_i} \times \frac{dS_i}{dt} \times \frac{S_i}{C}$$
$$\times I \times R \times P + \sum_i U_i \times S_i \times \frac{1}{I} \times \frac{dI}{dt} \times \frac{I}{C} \times R \times P + \sum_i U_i \times S_i$$
$$\times I \times \frac{1}{R} \times \frac{dR}{dt} \times \frac{R}{C} \times P + \sum_i U_i \times S_i \times I \times R \times \frac{1}{P} \times \frac{dP}{dt} \times \frac{P}{C} \tag{9-6}$$

由式(9-1)可得 $C_i = U_i \times S_i \times I \times R \times P$,定义 $W_i = \frac{C_i}{C}$,则式(9-6)可表

达为：

$$\frac{1}{C} \times \frac{\mathrm{d}C}{\mathrm{d}t} = \sum_i W_i \times \frac{1}{U_i} \times \frac{\mathrm{d}U_i}{\mathrm{d}t} + \sum_i W_i \times \frac{1}{S_i} \times \frac{\mathrm{d}S_i}{\mathrm{d}t} + \sum_i W_i \times \frac{1}{I} \times \frac{\mathrm{d}I}{\mathrm{d}t}$$

$$+ \sum_i W_i \times \frac{1}{R} \times \frac{\mathrm{d}R}{\mathrm{d}t} + \sum_i W_i \times \frac{1}{P} \times \frac{\mathrm{d}P}{\mathrm{d}t} \tag{9-7}$$

对式（9-7）进行 0 到 T 时刻的定积分，可得：

$$\int_0^T \frac{\mathrm{d}\ln C}{\mathrm{d}t} = \sum_i \int_0^T W_i \left(\frac{\mathrm{d}\ln U_i}{\mathrm{d}t} + \frac{\mathrm{d}\ln S_i}{\mathrm{d}t} + \frac{\mathrm{d}\ln I}{\mathrm{d}t} + \frac{\mathrm{d}\ln R}{\mathrm{d}t} + \frac{\mathrm{d}\ln P}{\mathrm{d}t} \right) \tag{9-8}$$

根据微积分基本公式，式（9-8）可写为：

$$\frac{C_T}{C_0} = \exp\left[\sum_i W_i \times \ln\left(\frac{U_{i,T}}{U_{i,0}} \right) \right] \times \exp\left[\sum_i W_i \times \ln\left(\frac{S_{i,T}}{S_{i,0}} \right) \right]$$

$$\times \exp\left[\sum_i W_i \times \ln\left(\frac{I_T}{I_0} \right) \right] \times \exp\left[\sum_i W_i \times \ln\left(\frac{R_T}{R_0} \right) \right]$$

$$\times \exp\left[\sum_i W_i \times \ln\left(\frac{P_T}{P_0} \right) \right]$$

$$= D_U \times D_S \times D_I \times D_R \times D_P \tag{9-9}$$

对 W_i 的计算采用对数平均函数，该函数是由 Ang B W 与 Choi K H 于 1997 年提出的，具体如下：

$$W_i = \frac{L(C_{i,T}, C_{i,0})}{L(C_T, C_0)} \tag{9-10}$$

$$L(x, y) = \begin{cases} \dfrac{x-y}{\ln x - \ln y}, & x \neq y \\ x, & x = y \end{cases} \tag{9-11}$$

对式（9-3）两边取对数，可得：

$$\ln D = \ln D_U + \ln D_S + \ln D_I + \ln D_R + \ln D_P \tag{9-12}$$

对照式（9-2）与式（9-12），设各项相应成比例，可得：

$$\frac{\ln D}{\Delta C} = \frac{\ln D_U}{\Delta C_U} = \frac{\ln D_S}{\Delta C_S} - \frac{\ln D_I}{\Delta C_I} - \frac{\ln D_R}{\Delta C_R} = \frac{\ln D_P}{\Delta C_P} \tag{9-13}$$

而

$$\frac{\ln D}{\Delta C} = \frac{\ln C_T - \ln C_0}{C_T - C_0} = \frac{1}{L(C_T, C_0)}$$

$$\Delta C_U = L(C_T, C_0) \times \ln D_U, \quad \Delta C_S = L(C_T, C_0) \times \ln D_S,$$

$$\Delta C_I = L(C_T, C_0) \times \ln D_I, \quad \Delta C_R = L(C_T, C_0) \times \ln D_R,$$

$$\Delta C_P = L(C_T, C_0) \times \ln D_P \tag{9-14}$$

综上所述，LMDI 分解法的计算公式如下（其中 k 指某个效应）：

$$\Delta C_k = \sum_i L\left(C_{i,T}, C_{i,0}\right) \times \ln\left(\frac{k_{i,T}}{k_{i,0}}\right) = \sum_i \frac{C_{i,T} - C_{i,0}}{\ln C_{i,T} - \ln C_{i,0}} \times \ln\left(\frac{k_{i,T}}{k_{i,0}}\right) \quad (9\text{-}15)$$

$$D_k = \exp\left[\sum_i \frac{L\left(C_{i,T}, C_{i,0}\right)}{L\left(C_T, C_0\right)} \times \ln\left(\frac{k_{i,T}}{k_{i,0}}\right)\right]$$

$$= \exp\left[\sum_i \frac{\dfrac{(C_{i,T} - C_{i,0})}{(\ln C_{i,T} - \ln C_{i,0})}}{\dfrac{(C_T - C_0)}{(\ln C_T - \ln C_0)}} \times \ln\left(\frac{k_{i,T}}{k_{i,0}}\right)\right] \quad (9\text{-}16)$$

$$L(a, b) = \frac{(a - b)}{(\ln a - \ln b)} \quad (9\text{-}17)$$

二、数据计算

由上一部分的分析结果可知，山东省工业行业的碳排放情况及其与经济增长的脱钩状态大体上于 2006 年开始发生较明显的变化，因此，本书将研究阶段划分为"2001—2005 年""2006—2020 年"这两个阶段，有针对性地对各阶段碳排放影响因素进行分析。表 9-3、表 9-4、表 9-5 分别列出了山东省总体及工业行业 2001 年、2005 年、2006 年、2020 年各类能源消耗量、能源消耗结构、能源消耗强度、人均 GDP、年平均就业人口的情况，所有数据均来源于山东省统计年鉴。由于山东省统计年鉴中并未报告工业行业的人口数据，而第二产业主要由工业行业构成，因此本书工业行业的人口数据用第二产业的就业人员数代替。

表 9-3　山东省总体及工业行业相关年份各种能源消耗情况 （单位：万吨标准煤）

对象	年份	煤	石油	天然气	其他
工业行业	2001	7611.97	2029.76	0.00	128.97
	2005	16888.13	3961.54	102.74	20.97
	2006	16329.00	4080.89	104.98	20.53
	2020	22413.12	5419.60	1405.78	2566.67
山东省总体	2001	8955.26	2539.67	0.00	154.94
	2005	19411.65	4553.50	142.20	87.10
	2006	19785.05	4871.76	143.99	24.83
	2020	27957.03	5692.62	2438.50	5738.63

表 9-4 山东省总体及工业行业相关年份能源结构情况

对象	年份	煤	石油	天然气	其他
工业行业	2001	77.91%	20.77%	0.00%	1.32%
	2005	80.52%	18.89%	0.49%	0.10%
	2006	79.52%	19.87%	0.51%	0.10%
	2020	70.47%	17.04%	4.42%	8.07%
山东省总体	2001	76.87%	21.80%	0.00%	1.33%
	2005	80.23%	18.82%	0.59%	0.36%
	2006	79.70%	19.62%	0.58%	0.10%
	2020	66.84%	13.61%	5.83%	13.72%

表 9-5 山东省总体及工业行业相关年份能源消耗强度、人均 GDP、年平均人口情况

对象	年份	能源消耗强度（万吨标准煤/亿元）	人均 GDP（万元）	就业人口（万人）
工业行业	2001	2.4222	3.0825	1308.6
	2005	3.0920	3.8078	1781.4
	2006	2.6390	4.1606	1870.3
	2020	1.3862	2.2386	1840.3
山东省总体	2001	1.2698	0.9759	5430.9
	2005	1.5683	1.6682	5689.2
	2006	1.4027	1.9013	5756.3
	2020	0.7505	7.1942	5510.0

三、计算结果及分析

（一）计算结果

根据式(9-15)和式(9-16)，将上述数据进行运算整理，结果如表 9-6、表 9-7 和表 9-8 所示，其中表 9-6 表示的是加法效应下各因素变化对碳排放量变化的贡献，表 9-7 表示的是乘法效应下各因素变化对碳排放量变化的贡献，表 9-8 表示的是加法效应下各因素变化对碳排放量变化的贡献率。

表 9-6　2001—2005 年、2006—2020 年山东省总体及工业行业
碳排放量变化影响因素贡献(加法效应)

对象	2001—2005 年		2006—2020 年	
	工业行业	山东省总体	工业行业	山东省总体
期初量 (万吨标准煤)	9770.5723	11649.699	20535.5637	24826.6702
ΔC_S	0.0000	0.0000	0.0000	0.0000
ΔC_I	3580.5390	3624.0900	−17756.0619	−19541.5173
ΔC_R	3099.0417	9202.8368	20766.1535	31144.7619
ΔC_P	4523.5476	−281.6559	5448.0522	2256.0409
ΔC	11203.1283	12545.2709	8458.1437	13859.2854

表 9-7　2001—2005 年、2006—2020 年山东省总体及工业行业
碳排放量变化影响因素贡献(乘法效应)

对象	2001—2005 年		2006—2020 年	
	工业行业	山东省总体	工业行业	山东省总体
期初量 (万吨标准煤)	9770.5723	11649.699	20535.5637	24826.6702
D_S	1.0000	1.0000	1.0000	1.0000
D_I	1.2765	1.2351	0.4848	0.5350
D_R	1.2353	1.7094	2.3323	2.7095
D_P	1.3613	0.9837	1.2488	1.0749
D	2.1466	2.0769	1.4119	1.5582

表 9-8　2001—2005 年、2006—2020 年山东省总体及工业行业
碳排放量变化影响因素贡献率(加法效应)

对象	2001—2005 年		2006—2020 年	
	工业行业	山东省总体	工业行业	山东省总体
期初量 (万吨标准煤)	9770.5723	11649.699	20535.5637	24826.6702
ΔC_S	0.00%	0.00%	0.00%	0.00%

续表

对象	2001—2005 年		2006—2020 年	
	工业行业	山东省总体	工业行业	山东省总体
ΔC_I	36.65％	31.11％	−86.46％	−78.71％
ΔC_R	31.72％	79.00％	101.12％	125.45％
ΔC_P	46.30％	−2.42％	26.53％	9.09％
ΔC	114.66％	107.69％	41.19％	55.82％

注：表 9-6 与表 9-8 中，ΔC_S 为能源结构效应导致的碳排放量变化量（或变化率）；ΔC_I 为能源强度效应导致的碳排放量变化量（或变化率）；ΔC_R 为经济产出效应导致的碳排放量变化量（或变化率）；ΔC_P 为人口规模效应导致的碳排放量变化量（或变化率）。

通过对上述结果进行分析，我们可以发现，加法效应和乘法效应下各因素变化对碳排放量变化的贡献结果是基本一致的，只是加法效应的结果更为直观。2001—2020 年，经济产出效应的贡献与其他因素相比基本都是最大的，就是说经济的高速发展是碳排放量逐年增加的最主要原因。2001—2005 年，能源消耗强度效应的贡献值整体为正，即能源利用效率的低下促进了碳排放量的增加；而 2006—2020 年，能源消耗强度效应的贡献值整体为负值，说明能源消耗强度效应下降，即能源利用效率的提高对碳排放量的增加起到了很好的抑制作用，这也是 2001—2005 年与 2006—2020 年相比二者计算结果出现明显差别的原因。同时，这也与我们前面的计算结果一致。在近几年的环保督查"高压"下，各地纷纷对高污染、高能耗、高排放的企业进行整顿，山东省亦如此，因此能源利用效率有了明显提高，碳排放量的增加也得到了有效控制。对于工业行业而言，人口规模效应的贡献值整体为正，甚至在 2001—2005 年其贡献率超过了经济产出效应和能源强度效应的贡献率，即人口规模的增大对碳排放量的增加效果显著；但对于山东省总体经济而言，人口规模效应的贡献率则较低，尤其 2001—2005 年的人口规模效应的贡献率为负值，对抑制碳排放量增长起到一定作用。但近几年人口规模的不断扩大，一定程度上还是增加了碳排放量。值得注意的是，无论是山东省工业行业还是山东省总体，2001—2020 年，能源结构效应对碳排放量变化的贡献值基本为 0，也就是说，在这期间，能源结构的差异对碳排放量的变化没有任何影响。但不得不承认，这时期山东省的能源结构虽有所变化，但变化不大，仍以煤炭为主导，石油的消耗占比有所下降，天然气消耗占比缓慢上升。只有彻底对工业行业的能源结构进行变革，大力提高天然气、电力等"低碳能源"的使用率，才有可能从根本上降低碳排放量。

通过图 9-3 和图 9-4，我们可以很直观地看到，2001—2005 年、2006—2020 年能源结构效应、能源强度效应、经济产出效应及人口规模效应这四种效应对山东省工业行业和山东省总体碳排放量变化的影响，与前文所描述的一致。就山东省总体和工业行业的脱钩状态而言，2006 年以来山东省能够实现碳排放脱钩，与图 9-3 和图 9-4 所示的能源强度效应的负向贡献即能源利用效率的提高有很大关系，这对碳排放量的增长起到了很好的抑制作用，表明这段时期山东省重视通过科学技术水平的提高来提升能源利用效率，使单位 GDP 所消耗的能源数量大幅降低，从而使碳排放量得到一定控制。

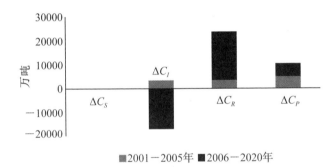

图 9-3　2001—2005 年、2006—2020 年山东省工业行业各效应贡献值（累计）

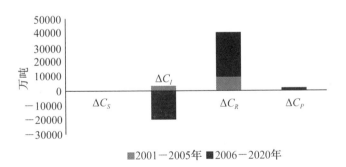

图 9-4　2001—2005 年、2006—2020 年山东省总体各效应贡献值（累计）

（二）各效应分析

1.能源结构效应

能源结构指各种能源消耗数占能源消耗总量的比例，反映了国民生产生活过程中对各类能源的使用依赖情况。通过表 9-6 和表 9-8 可以看出，无论是对于山东省工业行业还是山东省总体来说,在 2001—2020 年,能源结构效应对碳排放量变化的贡献值整体为 0。也就是说,在这期间,无论能源结构发生怎样的调整,均对碳排放量的变化没有任何影响。但这并不说明这就是最佳状态,山东省应思考如何调整能源结构,使能源结构效应的贡献值变为负,即达到抑制碳排放量增长的效果。

2.能源强度效应

能源强度指标是指单位 GDP 产出所消耗的能源量,其反映了能源经济活动的效率水平,能源消耗强度越高,能源利用效率越低。假设其他影响因素保持不变,能源强度下降对碳排放变动的贡献一定为负值。如表 9-6 和表 9-8 所示,对于工业行业而言,能源强度效应对碳排放量变化的贡献值,由 2001—2005 年的 3580.5390 到 2006—2020 年的 −17756.0619,总体来讲是呈下降趋势的。山东省总体情况与工业行业基本一致,这表明由于技术进步等原因,山东省的能源利用效率十几年来得到了很大的提升,对抑制碳排放的增加起到了很大的促进作用。

3.经济产出效应

人均 GDP 反映了一个国家或地区的经济发展状况和人民生活水平。能源对世界各国经济的发展起到了很大的支撑作用,但是这种粗放型的经济发展方式不仅导致能源消耗、碳排放量的增加,也带来了环境的破坏。如表 9-6 和表 9-8 所示,2001—2020 年,无论是山东省工业行业还是山东省总体,经济产出效应对碳排放量变化的贡献值均为正向,且在不断扩大。也就是说,经济的高速发展是碳排放量逐年增加的最主要原因。因此,山东省应当尽快转变传统经济发展模式,通过引进新技术等手段降低能源依赖和碳排放,减少环境污染,走绿色发展之路,维持经济的可持续增长。

4.人口规模效应

如表 9-6 和表 9-8 所示,2001—2020 年,对于山东省工业行业而言,人口规模效应的贡献均为正向,且在逐年增加,尤其在 2001 -2005 年,其贡献率甚至超过了经济产出效应和能源强度效应的贡献率,即人口规模的增大对碳排放量增加的效果显著。但对于山东省总体经济而言,人口规模效应的贡献率则较低,尤其 2001—2005 年为负值。但随着山东省人口规模的逐年扩大,进城务工人员越来越多,城镇化速度不断加快,在城镇化的过程中伴随经济的发展、基础设施的建设,大量的能源被消耗,也造成了碳排放量的增加。此外,人口规模的扩大必然导致需求增加,如汽车、取暖设施等生活需要都会带来能源消耗的增加,从而增大了碳排放压力。

第三节　山东省工业行业经济增长
与碳排放的脱钩努力评价

在 LMDI 模型分析中,我们已经知道,对于山东省工业行业和山东省总体经济而言,无论是 2001—2005 年还是 2006—2020 年,经济产出的扩张是碳排放量增长的最主要因素。为了研究其他三种效应是如何影响山东省工业行业经济发展和碳排放的脱钩状态的,本节采用脱钩努力模型展开进一步的分析。

一、模型介绍

脱钩努力是指各部门为了降低能源消耗和碳排放、实现经济增长和碳排放脱钩所采取的一系列措施和手段,这些措施包括积极进行产业转型升级,调整优化能源结构,提高能源利用效率(即降低能源消耗强度),开发使用风能、潮汐能等新型清洁能源等。

ΔC_F 代表从基准年开始到 t 年期间所作的脱钩努力值,它可以表示为 S(能源结构效应)、I(能源强度效应)和 P(人口规模效应)三种效应的总和,或者被认为是能源消耗总量的变化 ΔC 与 R(经济产出效应)之间的差距,具体表示如式(9-18)所示。

$$\Delta C_F = \Delta C - \Delta C_R = \Delta C_S + \Delta C_I + \Delta C_P \qquad (9-18)$$

为了对能源结构效应、能源强度效应及人口规模效应这三种效应如何影响经济增长与碳排放的脱钩关系进行深入分析,定义一种脱钩努力指数 $\alpha = -\Delta C_F / \Delta C_R$ 来表示从基准年开始到 t 年这一段时间内各种效应作出的脱钩努力程度,其中 ΔC_F 表示脱钩努力导致的碳排放变化量即脱钩努力值,ΔC_R 表示经济产出效应导致的碳排放变化量。

在表 9-6 中,ΔC_R 均大于 0,即经济产出效应的贡献值均为正向,因此本书只对经济产出效应为正值时的脱钩努力状态进行研究,具体推导过程如下:

$$\Delta C_R > 0; \Delta C = \Delta C_F + \Delta C_R \leqslant 0 \Rightarrow |\Delta C_F| \geqslant |\Delta C_R|; \Delta C_F < 0; \alpha = -\Delta C_F / \Delta C_R \geqslant 1$$

$$(9-19)$$

此时脱钩努力导致的碳排放变化量小于 0,脱钩努力指数 $\alpha \geqslant 1$,称为强脱钩努力状态。

$$\Delta C_R > 0; \Delta C = \Delta C_F + \Delta C_R > 0; |\Delta C| < |\Delta C_R| \Rightarrow \Delta C_F < 0; 0 < \alpha = -\Delta C_F / \Delta C_R < 1 \tag{9-20}$$

此时脱钩努力导致的碳排放变化量小于 $0, 0 < \alpha < 1$,称为弱脱钩努力状态。

$$\Delta C_R > 0; \Delta C = \Delta C_F + \Delta C_R > 0; |\Delta C| \geqslant |\Delta C_R| \Rightarrow \Delta C_F \geqslant 0; \alpha = -\Delta C_F / \Delta C_R \leqslant 0 \tag{9-21}$$

此时脱钩努力导致的碳排放变化量大于或等于 0,脱钩努力指数 $\alpha \leqslant 0$,称为扩张负脱钩努力状态。

综合以上推导过程,我们可以得出以下结论:在经济产出效应表现为正值的情况下,如果 $\alpha \geqslant 1$,表现为强脱钩努力状态,即作了强脱钩努力;如果 $0 < \alpha < 1$,表现为弱脱钩努力状态,即作了弱脱钩努力;如果 $\alpha \leqslant 0$,表现为扩张负脱钩努力状态,即没有作脱钩方面的努力。

二、山东省总体及工业行业脱钩努力及比较

根据式(9-18),基于前面收集计算出的山东省总体及工业行业碳排放影响因素的相关数据,计算山东省总体及工业行业的脱钩努力值和脱钩努力指数,如表 9-9 所示。

表 9-9 2001—2005 年、2006—2020 年山东省总体及工业行业脱钩努力及比较

对象	2001—2005 年		2006—2020 年	
	工业行业	山东省总体	工业行业	山东省总体
脱钩努力值	14302.17 万吨	3342.4341 万吨	−12308.01 万吨	−17285.476 万吨
脱钩努力指数	−4.61503	−0.363196	0.59269569	0.55500429
脱钩努力状态	未作脱钩努力	未作脱钩努力	弱脱钩努力	弱脱钩努力

通过对上述结果进行分析我们可以发现,2001—2005 年,山东省工业行业和山东省总体的脱钩努力值均为正值,脱钩努力指数均为负值,脱钩努力状态均表现为未作脱钩努力;2006—2020 年,山东省工业行业和山东省总体的脱钩努力值均为负值,脱钩努力指数均为正值,脱钩努力状态均表现为弱脱钩努力状态。这说明无论对山东省工业行业还是山东省总体而言,2001—2005 年,不

仅经济产出效应增加了碳排放量,这三种效应也对碳排放量的增加作出了贡献,因而脱钩努力状态表现为未作脱钩努力;2006—2020 年,虽然经济产出效应的扩张导致了碳排放量的急剧增加,但是这三种效应的贡献总和还是对碳排放量的增加起到了一定的抑制作用,因而脱钩努力状态表现为弱脱钩努力,而这三种效应中只有能源消耗强度效应的贡献值为负值。因此,能源消耗强度的降低即能源利用效率的提高,是导致山东省工业行业和山东省总体经济增长与碳排放脱钩状态出现变化的最关键因素。山东省应利用好这一关键因素,继续提高能源利用效率来降低碳排放量,同时也要加紧研究其他有效减排的方式,以减轻环境压力,实现经济增长和碳排放的长期脱钩。

第四节　山东省工业行业经济增长与碳排放的脱钩状态预测

在上一节中,我们对 2001—2020 年山东省工业行业经济增长与碳排放的脱钩状态进行了分析,并运用 LMDI 分解法对影响碳排放变动的因素进行了系统剖析。作为补充,本节将采用情景分析模型对山东省工业行业 2023—2030 年的碳排放量及其与经济增长的脱钩关系进行预测。

一、模型设置

IPAT 情景预测模型综合反映了人口、经济等因素对环境的影响,是在能源消耗碳排放预测领域的常用模型。

IPAT 方程的一般形式为:

$$I = P \times A \times T \tag{9-22}$$

其中,I 表示环境要素,P 表示人口,A 表示人均 GDP,T 表示单位地区生产总值环境要素。

本书虽然主要研究山东省工业行业的碳排放情况,但是由于碳排放系数几乎不发生变化,碳强度效应不能作为因素加以考虑,因此本书的环境要素选取能源消耗量,以此表示工业行业的碳排放情况,同时用 e(能源消耗强度)替换 T。在前文的研究中,我们发现在衡量碳排放情况的指标中,经济

发展水平和能源消耗强度是影响其变动的主要指标,代表性强,因此本书中碳排放预测模型可转化为:

$$E = P \times A \times e = G \times e \tag{9-23}$$

$$E_t = G_t \times e_t = G_0 \times (1+g)^t \times e_0 \times (1-i)^t = G_0 \times e_0 \times (1+g)^t \times (1-i)^t \tag{9-24}$$

其中,g 表示行业 GDP 年增长率,i 表示行业能源消耗强度年减少率。

因此,在上述模型中,行业能源消耗量为行业生产总值与行业能源消耗强度的乘积,我们确定了这两个指标的预测值,即可求出碳排放量及其与经济增长的脱钩关系的预测结果。

二、情景设定与参数预测

(一)情景设定

本书在对山东省工业行业碳排放现状进行梳理之后,综合考虑国家和省内发展规划以及发达国家碳排放要求,分别设定以下三种情景。

1.基准情景

在基准情景下,山东省工业行业的经济发展和碳排放情况按照现阶段的状态继续维持下去,已经实施的相关节能环保政策会继续执行下去,但未来并不研究制定更加积极先进的环保减排策略,相关生产技术和模式均维持现状。

2.节能情景

在节能情景下,山东省积极响应国家号召,研究如何开展绿色低碳发展,按照国家"十三五"规划纲要和《中共中央国务院关于加快推进生态文明建设的意见》等文件要求,积极制定省内发展规划,如《山东省国民经济和社会发展第十三个五年规划纲要》《山东省低碳发展工作方案(2017—2020年)》等,针对工业行业制定相应的发展政策,将环境治理作为重点,研究模式创新、技术升级、新能源开发等,努力实现国家和省内规划目标。

3.强化节能情景

在强化节能情景下,参考发达国家的经济发展方式和节能减排措施,进一步转变经济发展方式,对产业结构进行优化升级,确立集约化的发展方向,走"低碳经济"的发展道路;引进更加先进的技术以提高能源使用效率,或者提高碳排放标准,并进行严格监管,行业碳排放量努力向发达国家看齐。

（二）参数预测

目前国家层面和山东省均没有专门针对工业行业制定的发展计划，因此相关预测参数的设定均参照全国及山东省的规划要求。

1.GDP 预测

在基准情景下，山东省工业行业 2023—2030 年的 GDP 年增长率按照 2001—2020 年的年均增长率来设定，通过计算求得年均增长率为 11.64％，因此假设在基准情景下山东省工业行业的 GDP 年增长率在 2023—2030 年保持为 11.64％。

在节能情景下，根据《山东省国民经济和社会发展第十三个五年规划纲要》以及《山东省国民经济和社会发展第十四个五年规划和 2035 年远景目标纲要》中的规定，未来 5 年全省 GDP 年均增长分别为 7.5％和 5.5％左右，因此山东省工业行业 2023—2030 年的 GDP 年增长率以山东省为参考，设定为 6％。

在强化节能情景下，以发达国家的经济增长情况为参考，结合陈聪聪（2016）基于 ARIMA 模型和 ARIMAX 模型对山东省 GDP 的预测与分析，设定山东省工业行业 2023—2030 年的 GDP 年增长率为 4％。

三种情景下 GDP 年增长率预测情况如表 9-10 所示。

表 9-10　不同情景下山东省工业行业 GDP 年增长率预测

年份	基准情景	节能情景	强化节能情景
2023—2030	11.64％	6.0％	4.0％

2.能源消耗强度预测

在基准情景下，山东省工业行业 2023—2030 年的能源消耗强度年减少率按照 2001—2020 年的年均减少率来设定，通过计算求得年均减少率为 3.61％，因此假设在基准情景下山东省工业行业的能源消耗强度年减少率在 2023—2030 年保持为 3.61％。

在节能情景下，根据《山东省低碳发展工作方案（2017—2020 年）》中对 2018—2020 年山东省能源消耗和碳排放目标的规定，三年内全省单位 GDP 能源消耗降低 20.5％。以此为参考，山东省工业行业 2023—2030 年的能源消耗强度年减少率应设定为 6.83％。

在强化节能情景下，以发达国家的能源消耗情况为参考，假定山东省工业行业 2025 年能源消耗强度水平能够达到发达国家目前水平（万元 GDP 能源消耗 0.279 吨标准煤) 并加以维持, 基于这一目标山东省工业行业 2023—2030 年的能源消耗强度年减少率设置为 7.85%, 能源利用效率的提高将面临重大的挑战。

三种情景下能源消耗强度年减少率预测情况如表 9-11 所示。

表 9-11 不同情景下山东省工业行业能源消耗强度年减少率预测

年份	基准情景	节能情景	强化节能情景
2023—2030	3.61%	6.83%	7.85%

三、预测结果及分析

根据表 9-10、表 9-11, 预测三种情景下 2023—2030 年山东省工业行业的 GDP 总量、能源消耗强度、能源消耗总量及碳排放与经济增长的脱钩关系, 如表 9-12、表 9-13、表 9-14、表 9-15、表 9-16、表 9-17 所示。其中 GDP 代表行业生产总值, e 代表行业能源消耗强度, E_C 代表行业能源消耗总量, $T_{EC,GDP}$ 代表 Tapio 脱钩模型弹性值。

表 9-12 基准情景下山东省工业行业能源消耗总量预测结果

年份	GDP (亿元)	e (吨标准煤/万元)	E_C (万吨标准煤)
2023	32157.1856	1.2324	39630.5155
2024	35900.2820	1.1879	42645.9449
2025	40079.0749	1.1450	45890.5407
2026	44744.2792	1.1037	49384.2609
2027	49952.5133	1.0639	53144.4789
2028	55766.9858	1.0254	57183.4672
2029	62258.2630	0.9884	61536.0671
2030	69505.1248	0.9527	66217.5324

表 9-13 基准情景下山东省工业行业经济增长与碳排放预测结果

年份	$\Delta GDP/GDP$	$\Delta E_C/E_C$	$T_{EC,GDP}$	脱钩状态
2023—2030	11.64%	9.58%	0.8230	弱脱钩

注: 考虑到数据的可计算性, 本章的碳排放情况用能源消耗量表示, 下同。

表 9-14　节能情景下山东省工业行业能源消耗总量预测结果

年份	GDP（亿元）	e（吨标准煤/万元）	E_C（万吨标准煤）
2023	27525.5588	1.1482	31604.8466
2024	29177.0924	1.1068	32293.2058
2025	30927.7179	1.0668	32993.6894
2026	32783.3810	1.0283	33711.1506
2027	34750.3838	0.9912	34444.5804
2028	36835.4069	0.9554	35192.5477
2029	39045.5313	0.9209	35957.0297
2030	41388.2632	0.8877	36740.3612

表 9-15　节能情景下山东省工业行业经济增长与碳排放预测结果

年份	$\Delta GDP/GDP$	$\Delta E_C/E_C$	$T_{EC,GDP}$	脱钩状态
2023—2030	6.0%	2.32%	0.3867	弱脱钩

表 9-16　强化节能情景下山东省工业行业能源消耗总量预测结果

年份	GDP（亿元）	e（吨标准煤/万元）	E_C（万吨标准煤）
2023	25996.7206	1.0581	27507.1300
2024	27036.5894	1.0199	27574.6175
2025	28118.0530	0.9831	27642.8579
2026	29242.7751	0.9476	27710.4536
2027	30412.4861	0.9134	27778.7648
2028	31628.9856	0.8804	27846.1589
2029	32894.1450	0.8486	27913.9714
2030	34209.9108	0.8180	27983.7070

表 9-17　强化节能情景下山东省工业行业经济增长与碳排放预测结果

年份	$\Delta GDP/GDP$	$\Delta E_C/E_C$	$T_{EC,GDP}$	脱钩状态
2023—2030	4.0%	0.24%	0.0600	弱脱钩

三种情景下山东省工业行业 2023—2030 年能源消耗量的走势如图 9-5 所示。

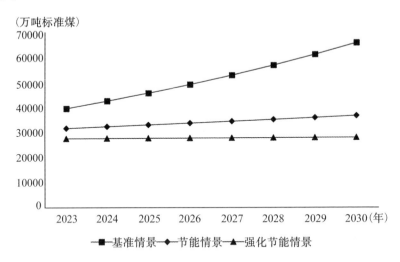

（万吨标准煤）

图 9-5　三种情景下山东省工业行业 2023—2030 年能源消耗量变化趋势

根据上述研究结果我们可以发现,在基准情景下,山东省工业行业 2023—2030 年的能源消耗量每年以 9.58% 的速度增长,于 2030 年增长到 66217.5324 万吨标准煤,增长速度较快;而工业行业 GDP 的增长速度更快,达到了 11.64% 的水平。由于 GDP 的增长速度快于能源消耗的增长速度,2023—2030 年山东省工业行业的脱钩状态均表现为弱脱钩。即如果山东省工业行业延续目前的发展态势,其经济增长与碳排放的脱钩关系将长期表现为弱脱钩状态。

节能情景下山东省工业行业 2023—2030 年的能源消耗量每年以 2.32% 的速度在增长,于 2030 年增长到 36740.3612 万吨标准煤;节能情景下工业行业 GDP 的增长速度也是明显快于能源消耗的增长速度,为 6.0%,脱钩状态将一直保持为弱脱钩。但值得注意的是,山东省工业行业经济增长与碳排放的脱钩弹性值仅为 0.0213,已经很接近强脱钩临界值。也就是说,如果山东省工业行业能够有效落实《山东省国民经济和社会发展第十三个五年规划纲要》和《山东省低碳发展工作方案(2017—2020 年)》中的政策要求,积极促进行业绿色低碳转型,则 2023—2030 年工业行业经济增长与碳排放的脱钩状态很有希望能实现强脱钩。为了响应国家号召,山东省也制定了一系列政策措施以降低能源消耗碳排放。只要山东省能够有效落实上述政策措施,并超额完成任务,就有望长期实现工业行业乃至全省经济增长与碳排放的强脱钩。

强化节能情景下,2023—2030年,山东省工业行业的能源消耗量每年将会以0.24%的速度在增加,于2030年增加到27983.7070万吨标准煤;同时工业行业GDP将一直以4.0%的速度增长,二者表现出完全相反的增长趋势;尽管脱钩状态仍处于弱脱钩,但弹性值明显趋于0,较基准情景和节能情景相比有明显进步。这表明,如果山东省工业行业在积极落实相关节能减排政策的同时,积极引进发达国家的先进技术,提高行业能源使用效率,相关碳排放标准向发达国家看齐,则2023—2030年行业能源消耗量将大幅降低,碳排放情况也会明显好转,经济增长与碳排放的脱钩关系将长期表现为强脱钩。

第五节　山东省工业碳经济—能源消费—生态环境系统耦合分析

在上一节,通过对山东省工业碳排放现状的描述,发现整体上工业碳排放量还处于不断上升的阶段,但是增速在减缓;能源消耗强度在下降,但是结构布局仍不合理。工业碳排放达峰需要相关系统协调发展,为找准碳排放达峰的关键点,本章进一步展开系统耦合分析。为弥补碳排放指标相对单一的不足,更好地阐释产出水平、投资等因素对碳排放的促增作用,了解碳排放与相关经济指标的相互协调关系,本章对"碳排放＋经济"组成的"碳经济系统"作整体研究。

一、碳经济—能源消费—生态环境系统耦合机理

工业碳经济、能源消费、生态环境系统之间的耦合作用机理具体表现为:碳经济系统的良性发展促进能源消费结构的改良和生态环境的改善,必然受到能源和环境因素的制约;能源消费结构的调整与利用率的变动将推动社会经济的转型和加速环境变迁;生态环境是对低碳经济发展和能源消费状况的反馈,同时又给予两者以压力。

如图9-6所示,三系统的耦合协调关系可进一步从压力、承载力、反馈三

个方面展开。

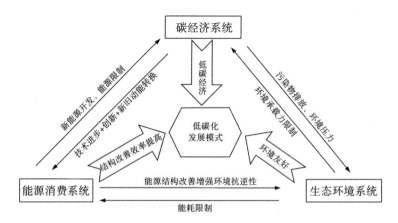

图 9-6　碳经济—能源消费—生态环境系统耦合机理情况

（一）压力方面

经济的发展带来规模的扩张、能源资源的消耗等，导致大量污染物排放、资源匮乏、生态环境恶化现象出现。低碳经济的发展通过技术改进、工业产业升级、新旧动能的转化等对能源消费结构和能源环境效率提出了更高的要求。与此同时，以煤炭为主的化石能源的消耗和对生态环境的破坏，将会给经济转型，尤其是发展模式向低碳化和集约化转变带来压力。当然，环境污染问题的加剧也会带来环保压力，倒逼环境整改，为经济发展向低碳发展模式转变提供良好的环境与资源条件。

（二）承载力方面

承载力体现为支撑作用，工业低碳化模式的转型发展无法与经济以及能源环境的支撑完全剥离开来。这种承载和支撑作用主要表现为能源等自然资源的支撑作用、环境承载力的承载作用以及经济发展过程中社会资源的支持作用。

（三）反馈方面

在反馈方面，低碳经济通过技术创新促进工业产业升级，能源利用率的提高和布局结构的改善通过新能源开发和新旧动能的转换来实现；生态环境的改善则表现为污染排放量的削减以及环境抗逆性的增强。与此同时，经济发展不断向着低碳化模式转变，产生人力资源、先进技术、基础设施等优质社会资源的较强的集聚效应，工业整体实力提高，从而形成"低碳经济成长—能源利用效率和质量提高—生态环境改善—低碳经济进一步发展"的良性循环,体现系统的相互反馈促进作用。

可见,在整个耦合系统中,工业的低碳化发展需要环境系统发挥基础和约束作用,能源消费系统发挥渠道作用,经济发展作为支撑,碳排放是关键,低碳化发展是终极目标。

二、指标体系的建立

(一)指标体系的设计

在低碳发展过程中,碳经济、能源消费、生态环境三个系统既各自独立,又相互约束。耦合指标的正确选择是耦合分析顺利开展的关键。为准确客观地反映山东省工业低碳化发展以及三个系统发展水平,在借鉴相关学者研究成果的基础上,共选取 25 个指标构建指标体系(见表 9-18)。

表 9-18　山东省工业碳经济—能源消费—生态环境三系统耦合指标体系

系统	系统要素	指标	指标性质
碳经济系统	经济发展水平	GDP 总量	+
		人均 GDP	+
		固定资产投资总额	+
		工业增加值	+
	产业结构水平	第二产业产值占比	+
		第三产业产值占比	+
		工业增加值占规模以上工业比重	+
	人口发展水平	总人口	+
		工业从业人数	+
	碳排放水平	碳排放总量	—
		人均碳排放量	—
		碳排放强度	—
		碳生产力	+

续表

系统	系统要素	指标	指标性质
能源消费系统	能源结构	化石能源消耗占比	—
		煤炭消耗占比	—
		新能源和可再生能源消耗占比	＋
	能源效益	能源消费总量	—
		单位 GDP 能耗	—
		规模以上工业万元产值能耗	—
生态环境系统	环境压力水平	工业废水排放总量	—
		工业废气排放总量	—
		工业固体废弃物排放量	—
	环境保护水平	建成区绿化覆盖率	＋
		工业污染治理投资总额	＋
		环境污染治理投资占 GDP 比重	＋

注:指标性质为"—",反映指标数值越小,系统性质越好;为"＋",反映指标数值越大,系统性质越好。

指标选取遵循以下原则:

(1)系统性与代表性:系统性要求指标分系统的独立性与系统间的关联性并存,代表性要求指标的选取避免盲目,需反映现实。本书中指标的选取以分解结果为依据,综合考虑碳排放与经济发展和能源环境的关系。

(2)科学性与现实性:在合理安排指标体系的同时,主要考虑数据的真实性与可得性。本书数据选取均来自中国能源统计年鉴、山东省统计年鉴、山东省工业统计年鉴和国家统计局及山东省统计局。

(3)动态与静态相结合:在山东省工业转型发展过程中,各个系统都有着各自的动态发展特点,因此不仅要选取静态指标来反映现状,更要选取动态指标来分析预测未来发展趋势,表现为绝对数值、相对数值的综合运用。

在遵循以上原则的基础上,考虑到山东省工业的发展现状以及经济、能源、环境的特点,进行了一定的调整。将碳经济系统划分为经济发展水平、产业结构水平、人口发展水平及碳排放水平四个维度进行阐释;能源消费系统从能源结构和能源效益两方面展开;生态环境系统的内涵则分为环境压力水平和环境保护水平两个角度进行阐释。在具体指标的选取中,将固定资产投资、工业增加值以及能源消费强度和结构因素重点考虑在内,以便更好地挖掘以上因素在碳排放达峰过程中的作用,对症下药。具体指标体系如表9-17所示。

(二)数据收集及预处理

本书数据选自于中国能源统计年鉴、山东省统计年鉴、山东省工业统计年鉴以及国家统计局和山东省统计局公布的官方数据。缺少的数值通过线性拟合方式加以填补,对山东省工业2000—2020年的数据展开耦合分析。

假设$x_{ij}(i=1,2,\cdots,m;j=1,2,\cdots,n)$表示第$i$年$j$指标的原始值。由于统计时各个指标的计算单位不统一,为消除量级差异带来的影响,利用式(9-25)和(9-26)对原始数据进行标准化处理,d_{ij}为原数据的标准化值。

$$正向指标:d_{ij}=\frac{(x_{ij}-\min_{1\leqslant j\leqslant n}x_{ij})}{(\max_{1\leqslant j\leqslant n}x_{ij}-\min_{1\leqslant j\leqslant n}x_{ij})} \tag{9-25}$$

$$负向指标:d_{ij}=\frac{(\max_{1\leqslant j\leqslant n}x_{ij}-x_{ij})}{(\max_{1\leqslant j\leqslant n}x_{ij}-\min_{1\leqslant j\leqslant n}x_{ij})} \tag{9-26}$$

(三)各系统评价函数及指标体系的权重设计

假设o_{ij}、p_{ij}和q_{ij}分别是碳经济、能源消费和生态环境系统的原始指标值,r_{ij}、s_{ij}、t_{ij}分别为对应后的标准化值,则三系统的发展指数(评价函数)如下:

$$碳经济系统:f_i(r)=\sum_{j=1}^{n}w_j r_{ij} \quad (j=1,2,\cdots,n) \tag{9-27}$$

$$能源消费系统:g_i(s)=\sum_{j=1}^{n}\overline{w}_j s_{ij} \quad (j=1,2,\cdots,n) \tag{9-28}$$

$$生态环境系统:h_i(t)=\sum_{j=1}^{n}\widetilde{w}_j t_{ij} \quad (j=1,2,\cdots,n) \tag{9-29}$$

其中,$f_i(r)$、$g_i(s)$、$h_i(t)$分别是第i年的低碳经济发展水平、能源消费水平、生态环境发展水平,w_j、$\overline{w}_j$和$\widetilde{w}_j$分别是r_{ij}、s_{ij}、t_{ij}的权重。该权重一般有两种方法来计算。一是专家打分法,但由于在打分过程中,受到专家学者主观认定与选择的打分专家数量的限制,最终权重偏差较大。另一种是熵值赋权法,该方法是根据指标间的相关度信息科学地计算指标权重,能够在很大程度上避免主观判断引起的误差。本书选取后者计算权重,具体计算步骤如下:

(1)计算指标比例R_{ij},若$d_{ij}=0$,令$d_{ij}=1\times10^{-20}$,则有:

$$R_{ij} = \frac{d_{ij}}{\sum\limits_{i=1}^{m} d_{ij}} \tag{9-30}$$

（2）计算指标信息熵 E_j：

$$E_j = -\frac{1}{\ln m} \sum_{i=1}^{m} R_{ij} \times \ln R_{ij} \tag{9-31}$$

（3）计算熵冗余 Y_j：

$$Y_j = 1 - E_j \tag{9-32}$$

（4）计算指标权重 W_j：

$$W_j = \frac{Y_j}{\sum\limits_{j=1}^{n} Y_j} \tag{9-33}$$

其中，n 为指标总数，m 为年数。通过计算，指标体系及具体权重分布如表 9-19 所示。

表 9-19 山东省工业三系统耦合指标体系及其权重

系统	系统要素	指标	指标性质	指标
碳经济系统	经济发展水平	0.408	GDP 总量	0.231
			人均 GDP	0.225
			固定资产投资总额	0.320
			工业增加值	0.224
	产业结构水平	0.163	第二产业产值占比	0.320
			第三产业产值占比	0.568
			工业增加值占规模以上工业比重	0.112
	人口发展水平	0.109	总人口	0.621
			工业从业人数	0.379
	碳排放水平	0.320	碳排放总量	0.265
			人均碳排放量	0.288
			碳排放强度	0.167
			碳生产力	0.280

续表

系统	系统要素	指标	指标性质	指标
能源消费系统	能源结构	0.493	化石能源消耗占比	0.322
			煤炭消耗占比	0.356
			新能源和可再生能源消耗占比	0.322
	能源效益	0.507	能源消费总量	0.400
			单位 GDP 能耗	0.411
			规模以上工业万元产值能耗	0.189
生态环境系统	环境压力水平	0.374	工业废水排放总量	0.333
			工业废气排放总量	0.290
			工业固体废弃物排放量	0.377
	环境保护水平	0.626	建成区绿化覆盖率	0.256
			工业污染治理投资总额	0.415
			环境污染治理投资占 GDP 比重	0.329

三、山东省工业碳经济—能源消费—生态环境系统耦合度分析

山东省工业碳经济—能源消费—生态环境三系统耦合度公式如下：

$$M = \left\{ \frac{f_i(r) \times g_i(s) \times h_i(t)}{\left[\frac{(f_i(r) + g_i(s) + h_i(t))}{3} \right]^3} \right\}^{\frac{1}{3}} \qquad (9\text{-}34)$$

（一）山东省工业分系统耦合度分析

如图 9-7 所示，2000—2020 年山东省工业碳经济系统中，经济发展和产业结构以及人口对系统发展的贡献率整体上处于上升趋势，2003 年回落，直到 2005 年进入低谷。这与 2003 年"非典"疫情有关，在整体经济实力不足的情况下，"非典"的影响体现出持续性特点。2012 年也出现小幅度的回落，后又迅速回升，得益于此时整体实力的提升，人口贡献率大于产业结构和经济整体发展。在山东省工业发展中，人的创新和能动作用逐渐体现，产业结构水平贡献率相对低一点，但是整体的发展态势良好。碳排放对整个系统的贡献度处于整体下降的态势，大多数年份在 10% 左右，说明工业碳排放处于良性发展状态，但是 2012 年之后略有回升，发展状况并不稳定。

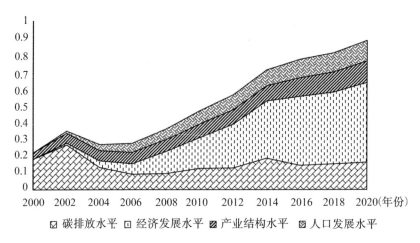

图 9-7　山东省工业碳经济系统发展水平

（数据来源：中国能源统计年鉴和山东省统计年鉴）

如图 9-8（a）所示，在山东省工业能源消费系统中，能源结构和能源效益的整体水平处于波动中上升的状态，而且从两者对于整个能源消费系统耦合状态的贡献率来看，能源效益的贡献率增势明显，而能源结构贡献率的提升则相对缓慢。山东省工业能源结构仍旧以煤炭消费为主（占比接近80％），新能源和可再生能源的占比较小，2015 年仅占 3％，近两年占比提升较快。同时，能源利用效率有所提高，后续向低碳化发展模式转变的过程中，在继续提高能源利用效率的基础上，重点改进能源消费结构，增加新能源的利用比重。

如图 9-8（b）所示，山东省工业环境保护力度虽然很大，但是环境压力水平也是"旗鼓相当"，仍然给整个生态环境系统的良性发展带来压力，个别年份环境保护力度还有所欠缺。一方面，需要严格控制工业发展过程中污染物排放，从根源上解决环境污染问题，降低环境压力；另一方面，必须严格控制环境治理成本。从所获得的原始数据来看，山东省每年的环境污染治理投资绝对数值比较大，2000 年治污投资 74.2 亿元，2014 年达到了 823.8 亿元，14 年间增长了 10 倍多；占 GDP 的比重呈现先增后降的发展态势，2000年环境污染治理投资占 GDP 比重为 0.89％，到 2013 年占比达到 1.55％，2013 年之后有所下降，说明出台的环境保护和污染治理政策得到了落实。北京作为我国的政治中心，为利于国际交流会议的召开，环境治理工作相对严格，环保辐射作用涉及山东省。为减少雾霾天气的出现，迎接 2014 年

APEC 会议,政府严格管控北京及周边地区污染治理状况。山东省污染状况严峻,自然会加大环境治理力度,这也是 2014 年环境保护水平出现波峰的原因。但整体上该系统处于低水平耦合发展状态。

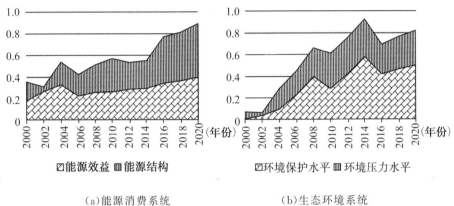

(a)能源消费系统　　　　　(b)生态环境系统

图 9-8　山东省工业能源消费和生态环境系统发展水平

(数据来源:中国能源统计年鉴、山东省统计年鉴)

(二)山东省工业三系统综合评价分析

从各个分系统来看,山东省工业整体上在向低碳化发展模式转变,但仍处于一个瓶颈期——碳排放水平虽有所降低,低碳发展潜力增大,但是近几年有反弹趋势,发展并不稳定,还未实现碳排放达峰;能源利用率提高,但是结构布局还不合理;环境得到改善,但是治污成本大,生态环境压力依然存在。

如图 9-9 所示,碳经济、能源消费、生态环境系统呈现同步发展态势,发展水平在波动中上升,2000—2020 年这三大系统整体发展耦合度相当。生态环境发展水平变动幅度最大,耦合度由 2000 年较低的 0.0722 到达 2014 年最高的 0.9022,2014 年以后耦合水平有所回落,但是也基本保持在 0.6 以上。山东省在推动工业发展的过程当中,重视发展的可持续性,不是单纯地追求经济总量的上升,还重视经济发展质量的上升。

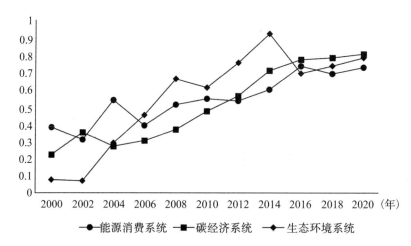

图 9-9 山东省工业碳经济—能源消费—生态环境系统发展水平

（数据来源：中国能源统计年鉴、山东省统计年鉴）

以上的耦合度分析是建立在单个系统的发展分析中，无法体现低碳经济发展与能源消费、生态环境保护的联系，需要采用耦合协调度模型进一步分析。

四、山东省工业碳经济—能源消费—生态环境系统耦合协调度分析

（一）耦合协调度模型的构建

由前文中对三系统的耦合度分析发现，山东省工业碳经济、能源消费、生态环境三个系统的耦合度基本上呈现同步发展的趋势，三个子系统的耦合度都在逐年上升，并且耦合度相当，但是无法看出三个系统之间的具体相互作用关系。在耦合度相当的情况下，可能低碳经济发展与能源消费和生态环境的保护并非处于同一发展水平，三者之间是处于高水平协调还是低水平协调状态不得而知。为了更好地反映三系统间的耦合协调水平的高低，引入耦合协调度模型计算系统间的互动性，探究系统是否健康发展。模型构建如下：

$$N = \sqrt{M \times Z} \tag{9-35}$$

$$Z = \alpha f_i(r) + \beta g_i(s) + \gamma h_i(t) \tag{9-36}$$

其中，M 为系统耦合度，N 为系统的耦合协调度，Z 为系统综合发展指数，α、β、γ 分别为碳经济、能源消费及生态环境系统的待定系数。根据以往学者在耦合协调度研究上的经验，假设山东省工业三系统对工业整体发展

的贡献度是相当的，$\alpha = \beta = \gamma = \frac{1}{3}$，则 $Z = \frac{1}{3}f_i(r) + \frac{1}{3}g_i(s) + \frac{1}{3}h_i(t)$。其中 $N \in [0,1]$。当 $N = 0$ 时，三系统处于极度失调的无序发展阶段，随着 N 增大，三系统的耦合协调度提高，说明山东省工业逐步实现向低碳化发展模式的转变；当 $N = 1$ 时，则进入三系统的有序成长、良性循环阶段，也就意味着工业真正实现低碳发展模式，可持续性加强，真正实现绿色发展。将耦合协调度以 0.5 为界来判定系统协调状态，0.5 以下被认为处于失调衰退阶段，0.5 及以上被认为处于协调发展阶段。耦合协调度的划分标准及类型如表9-20 所示。

表 9-20　耦合协调度划分标准及类型

失调衰退		协调发展	
协调度	状态	协调度	状态
[0.00,0.09]	极度失调衰退	[0.50,0.59]	勉强协调发展
[0.10,0.19]	严重失调衰退	[0.60,0.69]	初级协调发展
[0.20,0.29]	中度失调衰退	[0.70,0.79]	中级协调发展
[0.30,0.39]	轻度失调衰退	[0.80,0.89]	良好协调发展
[0.40,0.49]	濒临失调衰退	[0.90,1.00]	优质协调发展

（二）山东省工业系统耦合协调度分析

通过耦合协调度模型对数据进行处理后，得出 2000—2020 年山东省工业碳经济、能源消费、生态环境系统的综合发展指标以及耦合度、耦合协调度类型（见表9-21）。工业低碳经济发展与能源消费和生态环境系统之间的耦合度很高，2003 年及之后基本上在 0.95 以上，说明三系统发展趋势吻合，在波动中上升；从耦合协调度来看，三系统耦合协调水平整体偏低，但是呈现出持续上升的趋势，体现出在工业发展过程中低碳化趋势明显、产业结构改善、能源环境效率提高和生态环境改善的良好发展态势，工业系统内各个要素的综合利用效率和质量不断提升。

表 9-21　山东省工业碳经济—能源消费—生态环境系统耦合计算

年份	碳经济系统综合评价	能源消费系统综合评价	生态环境系统综合评价	耦合度	耦合协调度	耦合发展类型
2000	0.2178	0.3775	0.0722	0.8137	0.4255	濒临失调衰退
2001	0.3026	0.4063	0.0638	0.7715	0.4458	濒临失调衰退
2002	0.3477	0.3050	0.0656	0.7974	0.4370	濒临失调衰退
2003	0.2838	0.4317	0.2182	0.9607	0.5468	勉强协调发展
2004	0.2666	0.5350	0.2860	0.9496	0.5867	勉强协调发展
2005	0.2460	0.3879	0.4633	0.9668	0.5946	勉强协调发展
2006	0.2994	0.4177	0.4481	0.9853	0.6186	初级协调发展
2007	0.3302	0.4180	0.5314	0.9814	0.6470	初级协调发展
2008	0.3642	0.5087	0.6584	0.9716	0.7042	中级协调发展
2009	0.4077	0.5429	0.6326	0.9840	0.7206	中级协调发展
2010	0.4704	0.5669	0.6076	0.9943	0.7384	中级协调发展
2011	0.5287	0.5644	0.7017	0.9926	0.7706	中级协调发展
2012	0.5596	0.5307	0.7532	0.9879	0.7791	中级协调发展
2013	0.6728	0.5567	0.8325	0.9866	0.8235	良好协调发展
2014	0.7075	0.5962	0.9211	0.9839	0.8542	良好协调发展
2015	0.7040	0.6391	0.6745	0.9992	0.8197	良好协调发展
2016	0.7715	0.7333	0.6909	0.9990	0.8551	良好协调发展
2017	0.7377	0.6862	0.6827	0.9991	0.8374	良好协调发展
2018	0.7546	0.7097	0.6868	0.9990	0.8462	良好协调发展
2019	0.7630	0.7215	0.6888	0.9990	0.8506	良好协调发展
2020	0.7672	0.7274	0.6896	0.9995	0.8528	良好协调发展

从表 9-21 中可以看出,工业三系统之间的耦合协调度发展呈现出明显的阶段变化特征。2000—2002 年处于濒临失调衰退的阶段,这是因为,21世纪之初虽然工业经济发展迅速,但是受到技术水平落后、能源利用效率低、环境污染严重等因素的影响,粗放型的工业发展结构比较明显,工业发展整体水平低下,碳排放强度大,碳生产能力低下,单位产值能耗比较高。

2003—2012年进入协调发展的初级阶段,工业低碳化发展进程相对较快,但受到2012年金融危机影响,协调度出现小幅度的变化。2008年工业固定资产投资的增加以及奥运会的举办等因素,也促使对山东省工业产品的需求大幅度上升;与此同时,奥运会要求的良好的生态环境标准也给山东省等邻近北京的省份以巨大压力,环境标准相对提升,所以整体上2008年的碳经济、能源消费和生态环境系统的良性化发展程度提高。

2013年至今进入良好的协调发展阶段,但是可以看出耦合协调度增长比较缓慢,在0.86以下徘徊。这一方面说明"十二五"以来山东省在建设工业大省的过程中不再单纯追求产能扩张所带来的经济效益,而是向精细化、高新技术化方向发展,逐步降低能耗,减少环境污染和碳排放。山东半岛蓝色经济区等的建立也为工业的转型和低碳化发展带来了机遇。另一方面也表明,工业低碳化转型十分困难,还需要从各方面促进整体发展效益的提高。

根据以上分析,将山东省工业耦合协调度划分为三个等级,如图9-10所示,耦合度在0.8以上为一级,在0.5—0.8为二级,在0.5以下为三级。

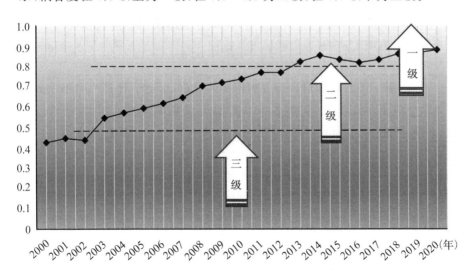

图9-10　山东省工业系统耦合协调度及其等级划分

通过图9-10不难看出,山东省工业三系统的耦合协调度还没有达到一个稳定且更高的协调发展阶段。由表9-20和图9-10可知,三级协调阶段仅仅用了3年,表明山东省可持续发展能动性较强,重视发展的质量,该阶段的衰退主要是重化工业经济结构与能源消费结构的滞后造成的。二级发展阶段协调发展水平相对较低,由初级协调发展向中级协调转变的时间跨度较短,但是中级协调持续了近 10 年的时间,虽然已进入良性协调发展阶段并持续了 7 年,但是不难发现这个阶段受到各种外界因素的影响,波动性较大。要想长期维持在 0.9 以上的协调度水平,实现发展的跨越式质变很难。

第六节 山东省工业脱钩计算结果总结

本章首先对山东省工业行业的脱钩状态进行了分析,并将其与山东省总体脱钩状态进行了比较。结果表明,在 Tapio 脱钩模型中,2001—2005 年,山东省工业行业的脱钩状态不是很稳定,扩张负脱钩和扩张联结交替出现;2006 年表现为强脱钩;2007—2020 年,工业行业碳排放量增长率均小于行业 GDP 增长率,因此脱钩状态均表现为弱脱钩,其中 2017 年受"环保风暴"影响,工业行业碳排放量再次实现负增长,脱钩状态表现为强脱钩。山东省总体的脱钩状态则表现得较为稳定,前五年均为扩张负脱钩;2006—2016 年表现为弱脱钩状态;2017 年,与工业行业的情况类似,全省碳排放总量也出现了负增长,脱钩状态表现为强脱钩,然而 2018 年以来却又出现明显的反弹。

其次,用 LMDI 模型对碳排放的影响因素进行分解,计算得到加法效应与乘法效应下 2001—2005 年、2006—2020 年的能源结构效应、能源强度效应、经济产出效应、人口规模效应这四种效应对山东省工业行业碳排放量变化的影响程度。由此发现,在 2001—2020 年,能源结构效应对碳排放量变化的贡献值均为 0;能源强度效应的贡献值先负后正,即工业行业能源利用效率的提升,对抑制碳排放的增加起到很大作用。经济产出效应的贡献与其他因素相比是最大的,即经济的高速发展是碳排放量逐年增加的最主要原因。人口规模效应的贡献值也均为正向,即人口规模的增大对碳排放量增加的效果也是显著的。山东省总体情况与此类似。在此基础上,运用脱钩努力模型研究除经济产出效应外其他三种效应对经济发展和碳排放脱钩状态的影响,发现 2001—2005 年山东省工业行业和总体的脱钩努力状态均表现为未作脱钩努力,2006—2020 年山东省工业行业和总体的脱钩努力状态均为弱脱钩努力,二者出现差别的最主要原因是近些年山东省能源消耗强度的降低,即能源利用效率的提高。

本章参照 IPAT 情景预测模型设定基准情景、节能情景以及强化节能情景三种情景,并预测各种情景下的相关参数,进而计算出三种情景下山东省工业行业 2023—2030 年的 GDP 总量、能源消耗总量、能源消耗强度及碳排放与经济增长的脱钩状态。结果表明,如果山东省工业行业延续之前的发展状态,那么 2023—2030 年经济增长与碳排放的脱钩关系将长期表现为弱脱钩状态;如果山东省工业行业能够有效落实《山东省低碳发展工作方案(2017—2020 年)》和“十三五”规划中有关节能减排的政策要求,则 2023—2030 年经济增长与碳排放虽然长期维持弱脱钩的状态,但脱钩弹性值已经接近强脱钩的临界值。也就是说,只要山东省多作一些减排努力,就可以实现经济增长和碳排放的强脱钩;如果山东省工业行业能够积极引进行业先进的节能技术,提高能源利用效率,向发达国家的碳排放标准看齐,则 2023—2030 年能源消耗量和碳排放量将大幅降低,碳排放与经济增长将长期维持强脱钩状态。

通过对山东省工业碳经济—能源消费—生态环境系统进行系统耦合度和耦合协调度分析发现,工业三个系统耦合度相当,耦合协调度已经达到一个相对较高的水平。碳排放与经济发展、能源环境要素间的协调性增强,整体上向着低碳化发展模式转变,低碳发展已具备雏形,但仍存在一些问题:碳排放水平近几年有反弹趋势,发展并不稳定,还未实现碳排放达峰;能源利用率显著提高,但是结构还不尽合理;环境治污成本大,生态环境压力依然存在。碳排放达峰意味着耦合协调度达到 0.9 以上,接近甚至达到 1。在经济总量和经济基数大的情况下,要实现低碳化发展是非常困难的;此外,如何实现系统协调度向着优质方向发展,也是工业碳排放达峰过程中面临的重点问题。

第十章 区域视角下提高我国能源环境效率与应对能源回弹的政策建议

考虑二氧化碳排放因素的能源环境效率分析以及实证研究结果显示：我国工业能源环境效率呈现逐年上升的趋势，但仍存在很大的改善和发展的空间。技术进步是提高能源环境效率、促进经济可持续发展的重要手段，因此，政府应该采取政策措施鼓励工业企业积极提高自主创新能力，重视节能领域的新增投资，形成合理的能源定价机制，引导工业部门调整能源消费结构，逐渐淘汰产能落后的企业以及产业。技术进步虽然能够提高能源环境效率，但也会产生能源回弹效应。因此，技术进步不能作为我国工业部门实现节能减排的唯一手段，政府要相应地使用能源管制政策措施，综合推进节能减排目标的实现。因此，本书就提高能源环境效率、削弱能源回弹效应提出合理化建议。

第一节 增强政府能源管制能力

实证分析表明，我国工业部门存在着较为明显的由技术进步导致的能源回弹效应。因此，技术进步不能作为我国工业部门减少能源消费量的唯一方法，要同时以合理适当的能源管制措施加以辅助。为使技术进步引起的预期能源节约量达到目标值，应调整工业部门的能源消费结构和模式，进一步完善相关能源政策及法律制度。一方面，对于工业部门能源消耗量较大的产业设定市场准入标准，建立高能效、高环保和高安全的"三高"市场准入制度,实现工业产业的节能减排可持续发展。与此同时,行政部门要辅以相应的经济手段,建立产能落后企业的淘汰机制。另一方面,建立完善的节能税收激励政策。例如,对节能做得较好的企业或者研发的节能产品给予一定的税收减免政策,推进企业建立良好的自主创新机制和节能机制,提高企业生产节能产品的积极性。这样才能加快实现我国的节能目标,实现工业部门经济又好又快的发展。

一、提升政府管理水平,破除体制机制阻碍

制度性障碍的存在导致经济体制改革滞后,阻碍经济的进一步发展。根据本书对于能源环境效率与经济效率的研究,尤其是对于其分解指标中技术效率的研究可知,管理水平落后、制度环境缺陷等因素对能源环境效率的提高具有阻碍作用,这些成为中部和西部地区能源利用低效率甚至无效率的主要来源。

政府应该充分认识到市场自发力量对经济发展的支配和决定作用,善于捕捉市场经济的信号并通过政策措施因势利导,实现市场经济的优胜劣汰。在不影响国家资源安全的前提下,对于高能耗、高污染的国有企业减少过度保护;对于科技创新潜力巨大的小规模企业,应该加以辅助和支持以刺激相关行业的发展和升级。政府应建立节能减排的监督机制,指导和监督地方正确处理区域经济发展与节能减排任务的关系,确保节能减排相关政策得到有效落实。政府的主要职能应该定位于能源环境与污染治理的政策制定者,节能减排任务完成情况的监督者,产业升级、技术研发等创新创业氛围的提供者。

二、合理运用政府补贴,促进工业企业能源环境效率的提高

政府部门可以通过技术补贴来鼓励企业加大技术投入以提高能源环境效率,进而降低能源消费量,推进工业部门有效实施节能减排工作。我国目前仍处于发展中国家的行列,对物质的需求量还处在增长阶段,仅仅通过技术进步来提高能源环境效率,减少能源消费量,虽然有一定效果,但很难达到预期的节能减排目标,可能会陷入"囚徒困境"中。

若仅仅通过规定企业的最低能源环境效率、淘汰产能落后的企业来降低能源消费量,这对于一些地方政府来说实施起来较为困难。因而政府部门可以通过补贴来鼓励企业采用节能技术,自主创新,进而使能源环境效率

提高,能源消费量减少。这一举措不仅不会影响工业部门在短期内的经济发展效率,也有利于实现长期节约能源的目标。

三、政府鼓励企业进行技术改革

高度重视量大面广的水泵、风机、电机以及工业锅炉等的能源利用效率的提高,如工业锅炉的能源利用效率提高到 80％以上。借用先进的技术手段显著提高工业生产过程中的热效率,同时提高能源转化率;改变工业生产结构,使工艺、装备和工程相结合;政府和企业都应重视技术创新,加大对技术创新的投资,依靠技术创新改变传统的能源消费结构和工业发展模式。

工业企业若想通过技术改进一项工艺流程或生产的资源投入方式,经常会需要大量人员和资金的投入,产生较高的成本。因此,技术创新对企业的规模和科技软实力、资金实力等都有较高要求。政府如果对企业进行资金和技术补贴扶持,就相当于为这些致力于高新技术产业研究的企业或机构降低了技术创新的门槛,促进了技术的革新与发展。目前我国与发达国家在技术水平上还有较大差距,为推进国内企业技术进步,可以积极学习国外先进的生产技术,引进节能高效的硬件设备,逐步淘汰落后的生产设备或工艺。

四、提升规模经济效益,加强企业市场准入与变更监管

规模经济效应决定了规模效率,规模效率通过影响技术效率进而影响全要素能源环境效率水平。从国家层面来看,“十五”期间到“十二五”期间,我国规模效率增长率一直在下降,甚至由年均正增长转向负增长;从省级层面来看,样本期内我国有将近一半的省份规模效率没有达到有效状态,年均负增长;从区域层面来看,我国八大经济区域中东北地区和黄河中游地区的规模效率年均负增长,可见规模效率在很大程度上阻碍了我国全要素能源环境效率的提升。中央和地方政府应该重视规模经济效应的实现,通过制定各行业、企业市场准入标准以及企业变更与终止条款,加强企业监督和管理。在企业设立之初,加强对企业规模、能耗和污染的调查和监管,尤其对规模比较小、能源消耗较高且污染严重的工业企业,要实行更加严格的市场准入制度。在企业经营过程中,要加强对高能耗中小企业的监督和管理,对利润较低、能耗高、污染严重的企业实施兼并或者重组等方式,通过不断地整合企业类型来实现企业的规模经济,获取规模效益。企业规模经济的实

现,会在更大程度上提升我国的全要素能源环境效率。

五、制定差异化政策,拒绝"一刀切"

我国幅员辽阔,地理位置、气候条件等的不同使得地区资源禀赋差异较大,再加上前期我国实行的"效率优先""优先发展东部地区"等不均衡的区域发展战略,我国各地区之间的经济发展水平、发展模式等都有较大的差异。结合前文关于区域能源环境效率差异的分析可知,各区域内部能源环境效率的差异、波动及其产生原因也有很大不同,南部沿海地区和北部沿海地区内部差异较大且波动剧烈,东部沿海地区和西北地区内部差异相对较小但波动较大,长江中游地区、西南地区和东北地区内部差异较小且波动相对较小,黄河中游地区内部差异和波动最小。因此,政府在制定和实施节能减排的政策和措施时,必须考虑各地区的实际发展状况,切勿盲目模仿其他国家或地区节能减排的政策措施,要因地制宜地制定和实施节能减排政策和手段,拒绝"一刀切"。同时,政府在制定政策时要考虑时效性,注重动态修改政策措施,根据各时期各地区的实际发展水平以及存在的问题及时调整和完善政策措施,以实现政策措施作用的最大化。只有政府制定和实施合理的、有效的节能减排政策措施,我国的节能减排目标才能实现,全要素能源环境效率才能得到最大程度的提升。

第二节 优化产业结构

能源环境效率的提升在更大程度上受制于产业结构状况。结合数据分析,从省级层面来看,样本期内我国各省份中,河北、山西、山东等全要素能源环境效率的增长率较低。这些省份的产业发展长期以钢铁、化工、煤炭等重工业为主,对能源的依赖程度较高,且二氧化碳排放量较大,不合理的产业结构影响了这些省份能源环境效率的提升。从区域层面来看,我国大部分地区第二产业在三次产业中占比较高,如西北地区和黄河中游地区。这些地区第二产业又大多是以高耗能、高污染、低效率的重工业企业为主。粗放式的能源消费模式,过量的二氧化碳、二氧化硫等环境污染物的排放都会限制能源环境效率的提升。根据区域全要素能源环境效率的影响因素分析可知,产业结构的优化有利于区域全要素能源环境效率的提升,第三产业在三次产业中所占比重的提升，会带来区域全要素能源环境效率的提升。因此，各地区要高度重视产业结构的调整，一方面应该调整第二产业内部结构，加强对高污染、高能耗产业的监督和管理，淘汰落后产业，大力支持能源使用效率较低、污染严重的产业发展模式的转变，加强对污染的治理，鼓励使用清洁的新能源，提高绿色工业产业、高科技工业产业的比重和竞争力，逐步实现从劳动密集型工业向资本技术密集型工业的转变。鼓励各地区充分利用自己的资源和地理位置优势，找到适合自己和独特的产业发展模式，同时推动节能产业向信息化、网络化、智能化方向发展，培养具有影响力的支柱产业，实现产业升级换代。

一、完善现代产业结构体系

产业结构一经形成便会不断在空间上集聚，将逐渐形成路径依赖。为了建立符合可持续发展要求的现代产业结构体系，必须重视我国东、中、西部地区在经济发展水平、产业布局以及资源禀赋方面的差异，从长远的角度进行相关产业转移和结构优化升级。研究中发现，中西部地区仍然存在部分高耗能产业，在承接东部产业转移的过程中要注意淘汰落后产能，并通过增加技术研发投入，不断提高高耗能行业的减排潜力。

首先，能源利用效率的提高要求建立现代产业结构，不断提高第三产业在国民生产总值中所占的比重，尤其要重视高新技术产业以及节能产业的发展。该类产业一般具有更高的附加值和更大的发展前景，对地区能源环境效率提高和经济发展质量的提升发挥巨大拉动作用。其次，就现状来说，我国大部分省份的产业布局中，传统高能耗产业仍占有很大比重。随着我国逐渐进入工业化阶段的后期，必须重视第二产业内部结构的升级和清洁化，大力发展战略性新兴产业、低碳产业、高新技术产业及清洁环保产业；对于高能耗产业，注重加强科技投入以及能源替代；对于中西部地区，可以控制和减少粗放型、高耗能产品的出口，转为依靠和支持高附加值的环保产业，实现区域能源利用效率的提高。此外，大力发展低碳农业和现代农业。农业为立国之本，经济转型升级要求实现农业生产现代化、机械化。政府可以适当提高农业服务作业补贴，重视农业科技人才和机械作业人才的培养，加大经费投入，积极开展培训，实现农业转型。

二、推进产业梯度转移

区域经济发展差异以及产业升级的要求使得产业梯度转移成为必然，

根据现状分析,提高经济发展水平有利于中西部地区能源环境效率的提升,值得注意的是承接产业转移可能面临的风险。在产业转移的过程中,中西部地区需要形成承接转移的配套措施,例如财政、税收、金融、土地等方面的政策引导,保证产业转移后的发展适应本地区经济发展定位,有利于实现经济增长和提高环境治理水平。同时,中西部地区应该注意差异化发展,根据各地发展特色和自然环境因地制宜地承接和鼓励各地区发展具有地方特色的优势产业,例如低碳产业、特色旅游等。产业间梯度转移虽然能够实现区域经济发展,缩小区域间经济发展差距,但也需要政府合理规划,完善产业基础设施配套和提升公共服务水平,鼓励企业自主创新和科技研发。只有技术进步,才能避免中西部地区在承接产业转移后陷入 EKC 陷阱。

第三节　调整能源消费结构,加快技术进步

一、调整能源消费结构

目前,我国所消费的各种能源资源中,煤炭的消费量一直居于首位,2018 年其占比才首次低于 60%。煤炭是一种不可再生能源,随着煤炭消费的增加,其开发的难度也在不断增加;此外,煤炭燃烧的效率低,释放的热能少,在燃烧的过程中会释放大量二氧化碳等气体。二氧化碳等作为非期望产出,在考虑环境因素时使得测算的能源环境效率值比以往更低。煤炭的大量消费以及不合理的能源消费结构是拉低我国全要素能源环境效率的重要原因。因此,我国必须加快能源消费结构的调整与优化。一方面,注重能源消费结构的多元化,不能一味地考虑能源使用成本,也要考虑能源资源的转化率,尽量选择转换率高、经济效率高的能源,适当地减少煤炭的使用。另一方面,要注重能源消费结构的清洁化。中央和地方要加大对新能源产业的政策支持力度,各区域应该合理地利用本地的资源优势,加大对可再生清洁能源的研究与开发,以此来降低可再生清洁能源的使用成本,减少二氧化碳等温室气体的排放。

二、加快技术进步

技术进步是实现能源利用效率提升的主要推动力。从国家层面的分析

来看,样本期内技术进步年均增长率与全要素能源环境效率年均增长率一致。从省级层面的分析来看,北京、上海等地较高的技术进步率提升了全要素能源环境效率,而青海、甘肃、海南等地较低的技术进步率导致全要素能源环境效率增长缓慢。从区域层面的分析来看,北部沿海地区和东北地区较高的技术进步率使得全要素能源环境效率年均增长率较高,而南部沿海地区和西北地区较低的技术进步率决定了其全要素能源环境效率年均增长率在八大经济区域中排名靠后。

因此,中央和地方都应该重视技术进步对全要素能源环境效率提升的重要作用,加大研究与开发经费投资,鼓励企业和个人进行自主研发和参与国际技术交流。一方面,要加大对可再生能源和清洁能源的勘探和开发技术的创新力度,降低新能源使用成本,扩大新能源使用范围;另一方面,要加大环境污染治理投资,鼓励碳捕捉和低碳技术的创新和推广,从源头上减少环境污染物的排放,推动化石能源的清洁利用。同时,重视各地区和国际的技术交流,充分利用技术扩散效应,带动中西部地区的技术进步和东部地区的技术创新。

长期以来受到资源禀赋的限制,我国在经济发展的过程中逐渐形成了以煤炭为主的能源消费结构,原煤的大量使用也导致我国二氧化碳排放量居高不下。各地区应该大力开发新型能源以及可再生能源(如太阳能、风能、生物能、地热能等),逐步增加清洁能源在能源消费中所占比重。为降低清洁能源的生产及消费成本,各省份可以根据地区优势和发展需求制定补贴政策,使清洁能源产品的开发和推广形成比较成本优势,同时鼓励优势企业直接实现共性技术共享,降低清洁能源行业准入门槛。基础设施方面,应该致力于打造太阳能、风能、生物质能等清洁能源供能系统,加快区域间电网等基础设施建设,实现区域清洁能源协同发展,促进各区域可再生能源与清洁能源的生产和消费,实现能源、环境与经济协同发展的目标。

第四节　吸收国外先进技术,建设节能型社会

一、扩大对外开放程度

对外开放程度的扩大对能源环境效率的提升有显著影响,从我国各省

份来看,北京、天津、上海等对外开放程度较高,全要素能源环境效率增长率较高,而贵州、宁夏、山西等对外开放程度较低,全要素能源环境效率的增长率较低。从八大经济区域来看,北部沿海地区和东部沿海地区的对外开放程度较高,全要素能源环境效率增长率较高,而西北地区对外开放程度较低,全要素能源环境效率增长率较低。可见,对外开放程度对我国各地区的全要素能源环境效率影响较大。对外开放的主要形式是进出口贸易,企业通过进出口贸易可以获得许多技术性知识。在出口中,企业可以从发达国家的客户和竞争企业那里学习到生产制造、研发、市场营销和管理模式等方面的知识;在进口中,企业可以从资本品、中间产品和最终产品中获得技术外溢效应,这都有助于企业进行持续的产品研发、改进和创新,以提高竞争力和生产效率。同时,一系列对外活动的开展有助于学习国外先进的节能技术和低碳发展经验,加速对外部节能技术的吸纳和转化。因此,我国应该鼓励和支持企业发展进出口贸易和节能技术交易;尤其是中西部地区应该学习东部地区以及其他国家在国际贸易上的经验,制定本地区合理的对外贸易鼓励政策,扩大对外开放程度,积极推动贸易交流和技术交流,以实现全要素能源环境效率的进一步提升。

二、提高全社会节能意识

近年来,我国的经济发展水平逐步提高,人均可支配收入增加,居民的生活消费方式由追求温饱逐渐转向了追求生活的愉悦舒适。工业社会以来,人们不断用技术手段来创造更加舒适的生活,但通过技术进步既满足生活的舒适度又实现保护环境、节约能源的目的,是新时期我国技术创新面临的一大挑战。因此,有关部门应该从政策上鼓励和奖励节能技术的研发和使用,重点鼓励开发兼顾生活舒适度和节能减排的消费产品。此外,政府应该出台有力的管制政策,遏制奢侈品的进口以及高能耗、高污染产品的出口。

综合发挥公共管理、政策调控、法律保障和媒体宣传等手段,提高整个社会的节能减排意识和增强企业的社会责任感,通过改变居民的思想和观念来减少能源消费量,同时又不损害居民对生活愉悦的追求。目前,人们不再仅仅限于对物质消费的追求,而是追求更高层次的精神消费和文化消费。充分认识精神生产和消费的价值,增加精神消费,不但是人类消费方式的高层次追求,也符合能源节约理念。

　　企业应贯彻能耗的"总量控制"理念,从国家层面做好各部门的能耗预算,以总能耗作为考评和协调各部门规划和建设的重要指标;从系统层面做好结构优化,通过规划和配套政策手段避免重复、过度建设所导致的能源浪费,重点控制高耗能工业的产业规模。

　　提高我国广义工业能源环境效率,建立可持续发展的能源系统。秉承"转换整合化,需求精细化、供给多样化、布局分布化"的原则,配合以调度、控制和管理网络化,促进多种能源的互补搭配、合理调度,实现合适的能源用在合适的地方,进而提高整个能源系统的能源环境效率。

第十一章　研究结论与研究展望

一、研究结论

(一)关于能源环境效率的区域差异

在资源枯竭和生态环境恶化的巨大压力下,节能减排已经成为我国中央和地方工作的"重中之重",在此背景下,科学、系统地研究能源环境效率问题具有十分重要的意义。本书基于全域方向距离函数的 Global Malmquist-Luenberger 生产率指数模型,从国家、省级和区域层面对我国能源环境效率进行实证分析,得到以下结论。

1.国家层面

2000—2020 年,我国能源环境效率持续增长,技术进步是主要推动力。能源环境效率年均增长率在 2002 年达到最低,2017 年达到最高。"2001—2007 年""2008—2013 年"和"2014—2020 年"不同时段内,我国能源环境效率年均增长率不断提高,技术进步变化与能源环境效率一致,纯技术效率指数不断增加,规模效率指数持续下降。

2.省级层面

2000—2020 年,我国 30 个省份的能源环境效率均在不断增长,其中北京、上海、天津、重庆四个直辖市的能源环境效率年均增长率较高,海南、贵州和新疆的能源环境效率年均增长率较低。

从东部、中部和西部地区来看,东部的能源回弹效应最小,为 44.80%,其次是中部,西部能源回弹效应最大;从全国总体上看,平均回弹效应为 64.71%。无论是从东、中、西各个区域,还是全国整体的角度,历年能源回弹效应的变化没有稳定的变化规律。

3.区域层面

（1）2000—2020年，我国八大经济区域能源环境效率增长率由高到低依次为北部沿海地区、东部沿海地区、东北地区、长江中游地区、西南地区、黄河中游地区、南部沿海地区、西北地区。

（2）2000—2020年，我国八大经济区域总体、区域间和区域内能源环境效率差异不断下降，区域内差异在总体差异中占主导地位。我国总体、区域内和区域间能源环境效率差异在"2001—2007年"时段内波动较大，"2008—2013年"时段内波动较小，呈现出明显的下降趋势，"2014—2020年"经历了两个阶段的波动，最终呈现平稳的下降趋势。

（3）样本期内南部沿海地区和北部沿海地区内部差异较大且波动剧烈，东部沿海地区和西北地区内部差异相对较小但波动较大，长江中游地区、西南地区和东北地区内部差异较小且波动相对较小，黄河中游地区内部差异和波动最小。

（4）区域能源环境效率影响因素分析结果表明，经济发展水平、产业结构、能源消费结构、对外开放程度和技术进步与区域能源环境效率都呈现出显著正相关，城镇化率与区域能源环境效率虽呈现正相关关系，但前者对能源环境效率的影响不显著。

（二）关于能源回弹效应的区域差异

我国省级能源环境效率的计算表明，样本期内各省份的GML指数和技术进步指数均达到了有效率状态，年均增长率都为正。相反，技术效率指数、纯技术效率指数和规模经济指数一直在前沿面上下波动，将近一半的省份达到前沿面及以上水平，一半的省份处于无效率状态，甚至年均保持负增长。

实证结果显示，2001—2020年我国工业能源的平均回弹效应为64.71%，说明技术进步确实节约了能源消费量，促进了经济增长，但是还未达到预期的节能减排效果。因此，技术进步不是衡量政策效果的唯一指标，政府部门要采取适当的能源管制手段。在出现市场失灵的状况时，政府部门可以通过提高能源税或者规范能源价格来控制能源需求量的增加。

我国西部地区的工业能源回弹效应最大，为90.75%；其次是中部地区，为72.15%；东部地区的工业能源回弹效应最小，为44.80%。由技术进步所节约的能源消费量则正好相反。不同地区的经济发展以及技术进步程度不同，会使能源节约量不同。东、中、西部地区的经济发展水平不同，科技水平不同,从而引起了地区间能源回弹效应的差异。所以平衡不同地区的经济发展水平和能源消费量,促进经济发展和技术进步的协调发展迫在眉睫。

以典型省份山东省为例,将碳经济系统、能源消费系统与生态环境系统进行系统耦合分析发现,山东省制造业三系统的耦合度相当,呈现出良性发展态势;耦合协调度较高,碳排放与经济发展、能源环境要素间的协调性增强,整体上向低碳化发展模式转变,低碳发展潜力增大,能源环境效率提高,但是能源结构还不合理;生态环境得到改善,但是治污成本大,环保压力依然存在,还处于向优质协调发展过渡的转型困难期。利用 IPAT 模型,对2023—2030 年山东省工业行业碳排放情况进行预测。结果表明,在基准情景下碳排放与经济增长的脱钩关系将长期表现为弱脱钩状态;节能情景和强化节能情景下虽为弱脱钩,但已经接近强脱钩的边缘。

（三）经济增长对能源环境效率的区域影响差别

在效率测算结果的基础上,本书进一步利用改进的 EKC 模型研究能源环境效率的主要影响因素,尤其是低碳转型过程中经济增长对能源利用的影响。能源环境效率的回归结果显示,全国能源环境效率与经济增长呈现"N"形曲线关系,东部地区呈现"N"形曲线,与全国保持一致,中部和西部地区的能源环境效率与经济增长不存在"U"形或"N"形曲线,但保持同方向变动的关系。由此可知,我国能源环境效率处于整体上升的阶段。对能源环境技术效率的考察发现,全国能源环境技术效率与经济增长呈现倒"U"形曲线关系,目前尚未达到拐点位置;东部地区呈现"N"形曲线;中部为"U"形,且正处于上升阶段;西部能源环境技术效率与经济增长尚未体现显著的曲线关系。

二、研究展望

本书的研究虽然实现了系统耦合框架下碳排放达峰机理的分析,掌握了 LMDI 法和系统耦合分析方法,但研究层面仍局限于全国层面、区域层面和省级层面等宏观层面,缺乏对于行业中观层面和企业微观层面的考察,这需在今后研究中重点突破。同时,本书主要基于 2030 年碳达峰这一碳减排约束背景,尚未将 2060 年碳中和目标纳入考量,未来需要进一步改进分析思路,拓展"双碳"目标约束下的低碳节能发展路径。

本书在对经济发展与能源环境效率、碳排放的关系分析中,进一步将能源环境效率与经济发展加以关联。这种关联使得碳达峰约束下能源使用结构与分布的关系进一步明确。第十章"区域视角下提高我国能源环境效率与应对能源回弹的政策建议"在目前理论分析基本完成的前提下,需要进一步考虑情况的全面性与多样性,将现实经济社会中各种客观的效应影响因素纳入考量范畴,从而提升对策的适用性。

参考文献

一、中文文献

陈百明,杜红亮.试论耕地占用与 GDP 增长的脱钩研究[J].资源科学, 2006,28(5):36-42.

陈聪聪.基于 ARIMA 模型和 ARIMAX 模型的山东省 GDP 的预测与分析[D].济南:山东大学硕士学位论文,2016.

陈岩,高艳云.中国能源消费与经济增长关系的实证研究[J].青岛大学学报(自然科学版),2019,32(2):111-116.

陈佳,陈火焱,文明,赵雪敏.低碳经济视角下省域工业全要素能源效率分析[J].湖南电力,2018,38(1):5-10.

程叶青,王哲野,张守志,叶信岳,姜会明.中国能源消费碳排放强度及其影响因素的空间计量[J].地理学报,2013,68(10):1418-1431.

程利莎,王士君,杨冉,王彬燕.中国省际交通运输业能源效率测度及时空分异研究[J].东北师大学报(自然科学版),2019,51(1):145-153.

崔百胜,朱麟.基于内生增长理论与 GVAR 模型的能源消费控制目标下经济增长与碳减排研究[J].中国管理科学,2016,24(1):11-20.

杜克锐,邹楚沅.我国碳排放效率地区差异、影响因素及收敛性分析——基于随机前沿模型和面板单位根的实证研究[J].浙江社会科学,2011(11):32-43+156.

范丹.低碳视角下的中国能源效率研究[D].大连:东北财经大学博士学位论文,2013.

傅佳屏,赵子健,史占中.基于可计算一般均衡模型的能效影响研究——以上海为例[J].科技管理研究,2014,17:216-220.

范秋芳,王丽洋.中国全要素能源效率及区域差异研究——基于 BCC 和 Malmquist 模型[J].工业技术经济,2018,37(12):61-69.

高辉,冯梦黎,甘雨婕.基于技术进步的中国能源回弹效应分析[J].河北经贸大学学报,2013,34(6):92-95.

盖美,胡杭爱,柯丽娜.长江三角洲地区资源环境与经济增长脱钩分析[J].自然资源学报,2013,28(2):185-198.

盖美,曹桂艳,田成诗,柯丽娜.辽宁沿海经济带能源消费碳排放与区域经济增长脱钩分析[J].资源科学,2014,36(6):1267-1277.

韩智勇,魏一鸣,焦建玲,范英,张九天.中国能源消费与经济增长的协整性与因果关系分析[J].系统工程,2004(12):17-21.

韩智勇,魏一鸣,范英.中国能源强度与经济结构变化特征研究[J].数理统计与管理,2004,23(1):1-6+52.

郝晓莉,卓乘风,邓峰.国际技术溢出、人力资本与丝绸之路经济带能源效率改进——基于投影寻踪模型和随机前沿分析法[J].国际商务(对外经济贸易大学学报),2019(2):13-24.

何则,杨宇,宋周莺,刘毅.中国能源消费与经济增长的相互演进态势及驱动因素[J].地理研究,2018,37(8):1528-1540.

何小钢,张耀辉.中国工业碳排放影响因素与 CKC 重组效应——基于 STIRPAT 模型的分行业动态面板数据实证研究[J].中国工业经济,2012(1):26-35.

黄蕊,王铮,丁冠群,龚洋冉,刘昌新.基于 STIRPAT 模型的江苏省能源消费碳排放影响因素分析及趋势预测[J].地理研究,2016,35(4):781-789.

胡秋阳.回弹效应与能源效率政策的重点产业选择[J].经济研究,2014,49(2):128-140.

胡玉敏,杜纲.中国各省区能源消耗强度趋同的空间计量研究[J].统计与决策,2009(11):95-96.

江洪,赵宝福.低碳视角下能源效率变动与产业结构演进非线性动态关系——基于 1990—2012 年面板数据[J].经济问题探索,2015(7):68-76.

梁婷.能源清洁发展诉求下中国天然气消费影响因素分析及预测[D].西安:陕西师范大学硕士学位论文,2018.

李治国,郭景刚,周德田.中国石油产业行政垄断及其绩效的实证研究

[J].当代财经,2012,33(6):89-101.

李治国.论成品油定价机制中的有限规制:基于合谋的视角[J].西安石油大学学报(社会科学版),2012,21(5):5-10.

李治国.从美元指数、黄金价格与原油价格关系看原油价格体制——微观数据及政策含义[J].经济问题探索,2012(5):14-19.

李治国,郭景刚.国际原油价格波动对我国宏观经济的传导与影响——基于SVAR模型的实证分析[J].经济经纬,2013(4):54-59.

李治国,周德田.燃料油期货市场价格发现功能的研究——基于2005—2012年的数据[J].中外能源,2013,18(9):14-20.

李治国,郭景刚.中国原油和成品油价格的非对称实证研究——基于2006年—2011年数据的非对称误差修正模型分析[J].资源科学,2013,35(1):66-73.

李治国,魏冬明.国际油价波动对我国石油开采行业税收影响的实证研究[J].河南科学,2016,34(8):1337-1343.

李治国,孙志远.基于DEA比较下的国有石油企业绩效研究[J].甘肃科学学报,2016,28(2):119-125.

李治国,孙志远.行政垄断下我国石油行业效率及福利损失测度研究[J].经济经纬,2016,33(1):72-77.

李治国,韩程,齐素素.成品油现行定价机制与成品油市场平衡关联研究[J].中国石油大学(社会科学版),2017,33(4):7-14.

李治国,王梦瑜.国际油价波动对国内消费物价水平传导非对称研究[J].北京理工大学学报(社科版),2017,19(4):28-35.

李治国,王梦瑜.国际油价波动对PPI非对称传导的实证研究[J].统计与决策,2018(2):135-137.

李春发,商清汝,杨乐强.基于全要素能源效率的天津市能源回弹效应研究[J].科技管理研究,2014(17):221-225.

李峰,何伦志.碳排放约束下我国全要素能源效率测算及影响因素研究[J].生态经济,2017,33(5):35-41.

李珂,杨洋.我国省际资本存量与资本回报率的估算:2000—2015[J].天津商业大学学报,2018,38(6):27-33.

李强,魏巍,徐康宁.技术进步和结构调整对能源消费回弹效应的估算[J].中国人口·资源与环境,2014,24(10):64-67.

李效顺,曲福田,郭忠兴,等.城乡建设用地变化的脱钩研究[J].中国人口·资源与环境,2008,18(5):179-184.

李善同,侯永志.中国大陆:划分8大社会经济区域[J].经济前沿,2003(5):12-15.

林伯强,蒋竺均.中国二氧化碳的环境库兹涅茨曲线预测及影响因素分析[J].管理世界,2009(4):27-36.

刘川.EKC模型在中国的实证检验——基于28个省际面板数据的研究[J].现代商贸工业,2011,23(21):8-9.

刘国平,诸大建.中国碳排放、经济增长与福利关系研究[J].财贸研究,2011,22(6):83-88.

刘建翠,郑世林,汪亚楠.中国研发(R&D)资本存量估计:1978—2012[J].经济与管理研究,2015(2):18-25.

刘克龙.基于DEA-ENDDF模型中国八大综合区能源环境效率测算及影响因素分析[J].现代经济信息,2018(22):1-4.

刘满芝,徐悦,刘贤贤.中国生活能源消费密度的影响因素分解、空间差异和情景预测[J].中国矿业大学学报(社会科学版),2016,18(2):48-56.

刘文君,李娇,刘秀春.碳排放约束下中国旅游业能源效率的实证分析——基于SBM模型和Tobit回归模型[J].中南林业科技大学学报(社会科学版),2017,11(1):40-46.

刘争,黄浩.中国省际能源效率及其影响因素研究——基于Shephard能源距离函数的SFA模型[J].南京财经大学学报,2019(1):99-108.

刘琼芳.福建省产业能源消费碳排放影响因素及其预测研究[J].福建江夏学院学报,2018,8(3):9-20.

马利民,王海建.耗竭性资源约束之下的R&D内生经济增长模型[J].预测,2001,20(4):62-64.

马晋文.能源经济效率、能源环境效率与产业结构变迁关系研究——以江西省为例[D].南昌:南昌大学硕士学位论文,2017.

孟新新.山东省碳排放强度的变动研究[D].青岛:青岛大学硕士学位论文,2016.

孟庆春,黄伟东,戎晓霞.灰霾环境下能源效率测算与节能减排潜力分析——基于多非期望产出的NH-DEA模型[J].中国管理科学,2016,24(8):53-61.

孟晓,孔群喜,汪丽娟.新型工业化视角下"双三角"都市圈的工业能源效率差异——基于超效率 DEA 方法的实证研究[J].资源科学,2013,35(6):1202-1210.

宁亚东,张世翔,孙佳.基于泰尔熵指数的中国区域能源效率的差异性分析[J].中国人口・资源与环境,2014,24(2):69-72.

彭水军,包群,赖明勇.技术外溢与吸收能力:基于开放经济下的内生增长模型分析[J].数量经济技术经济研究,2005,22(8):35-46.

彭水军,包群.环境污染、内生增长与经济可持续发展[J].数量经济技术经济研究,2006,23(9):114-126.

齐绍洲,林屾,王班班.中部六省经济增长方式对区域碳排放的影响——基于 Tapio 脱钩模型、面板数据的滞后期工具变量法的研究[J].中国人口・资源与环境,2015,25(5):59-66.

屈小娥.中国省际全要素能源效率变动分解:基于 Malmquist 指数的实证研究[J].数量经济技术经济研究.2009,26(8):29-43.

师博,沈坤荣.市场分割下的中国全要素能源效率:基于超效率 DEA 方法的经验分析[J].世界经济,2008(9):49-59.

师博,任保平.产业集聚会改进能源效率么?[J].中国经济问题,2019(1):27-39.

邵帅,杨莉莉,黄涛.能源回弹效应的理论模型与中国经验[J].经济研究,2013,48(2):96-109.

单豪杰.中国资本存量 K 的再估算:1952—2006 年[J].数量经济技术经济研究,2008(10):17-31.

史丹.中国能源效率的地区差异与节能潜力分析[J].中国工业经济,2006(10):49-58.

宋金昭,郭芯羽,王晓平,胡振.中国建筑业碳排放效率区域差异及收敛性分析——基于 SBM 模型与面板单位根检验[J].西安建筑科技大学学报(自然科学版),2019,51(2):301-308.

宋旭光,席玮.基于全要素生产率的资源回弹效应研究[J].财经问题研究,2011(10):20-24.

孙耀华,仲伟周.中国省际碳排放强度收敛性研究——基于空间面板模型的视角[J].经济管理,2014(12):31-40.

孙广生,黄祎,田海峰,王凤萍.全要素生产率、投入替代与地区间的能源效率[J].经济研究,2012,47(9):99-112.

唐建荣,王清慧.基于泰尔熵指数的区域碳排放差异研究[J].北京理工大学学报(社会科学版),2013,15(4):21-27.

田云,陈池波.中国碳减排成效评估、后进地区识别与路径优化[J].经济管理,2019,41(6):22-37.

汪克亮,杨力,杨宝臣,程云鹤.能源经济效率、能源环境绩效与区域经济增长[J].管理科学,2013,26(3):86-99.

王鹤鸣,岳强,陆钟武.中国1998年—2008年资源消耗与经济增长的脱钩分析[J].资源科学,2011,33(9):1757-1767.

王海建.资源约束、环境污染与内生经济增长[J].复旦学报(社会科学版),2000(1):76-80.

王凯,李娟,席建超.中国旅游经济增长与碳排放的耦合关系研究[J].旅游学刊,2014,29(6):24-33.

王景波,刘忠诚,张佳.基于改进非期望SBM模型的工业能源效率测度研究——以山东省17地市面板数据为例[J].华东经济管理,2017,31(7):25-30.

王建.九大都市圈区域经济发展模式的构想[J].宏观经济管理,1996(10):21-24.

王君华,李霞.中国工业行业经济增长与CO_2排放的脱钩效应[J].经济地理,2015,35(5):105-110.

王庆一.能源效率及其政策和技术(上)[J].节能与环保,2001(6):11-14.

王庆一.中国的能源效率及国际比较[J].节能与环保,2005(6):10-13.

王群伟,周德群.能源回弹效应测算的改进模型及其实证研究[J].管理学报,2008(5):688-691.

王少剑,黄永源.中国城市碳排放强度的空间溢出效应及驱动因素[J].地理学报,2019(6):1131-1148.

王霄,屈小娥.中国制造业全要素能源效率研究——基于制造业28个行业的实证分析[J].当代经济科学,2010,32(2):20-25+124-125.

王新利,黄元生.河北省能源消费碳排放强度影响因素分解[J].数学的实践与认识,2018,48(23):49-58.

王兆华,丰超.中国区域全要素能源效率及其影响因素分析——基于2003—2010年的省际面板数据[J].系统工程理论与实践,2015,35(6):1361-

1372.

王兆华,卢密林.基于省际面板数据的中国城镇居民用电直接回弹效应研究[J].系统工程理论与实践,2014(7):1678-1686.

魏楚,杜立民,沈满洪.中国能否实现节能减排目标:基于DEA方法的评价与模拟[J].世界经济,2010,33(3):141-160.

魏后凯.当前区域经济研究的理论前沿[J].开发研究,1998(1):34-38.

魏下海,余玲铮.空间依赖、碳排放与经济增长——重新解读中国的EKC假说[J].求索,2011(1):100-105.

魏一鸣,廖华.能源效率的七类测度指标及其测度方法[J].中国软科学杂志,2010(1):128-137.

谢海棠,张旭昆.节能减排的作用效果有多大——基于能源回弹效应的思考[J].科技管理研究,2013(4):208-213.

邢春娜.中国能源消费空间差异及其影响因素分解[J].西部经济管理论坛,2019,30(1):71-78.

徐胜,司登奎.结构转型、能源效率对低碳经济的异质性影响——基于省际数据的面板协整分析[J].软科学,2014,28(7):6-10+39.

宣烨,周绍东.技术创新、回报效应与中国工业行业的能源效率[J].财贸经济,2011(1):116-121.

薛丹.我国居民生活用能能源效率回弹效应研究[J].北京大学学报(自然科学版),2014(2):348-354.

许广月,宋德勇.中国碳排放环境库兹涅茨曲线的实证研究——基于省域面板数据[J].中国工业经济,2010(5):37-46.

杨海峰.中国城市化与能源效率关系的阶段性特征研究[D].杭州:浙江工商大学硕士学位论文,2015.

杨宏林,田立新,丁占文.能源约束与"干中学"经济增长模型[J].企业经济,2004(6):93-94.

杨宏林,田立新,丁占文.能源约束下的经济可持续增长[J].系统工程,2004,22(3):40-43.

杨宏林,丁占文,田立新.基于能源投入的经济增长模型的消费路径[J].系统工程理论与实践,2006,26(6):13-17.

杨骞,刘华军.中国二氧化碳排放的区域差异分解及影响因素——基于1995—2009年省际面板数据的研究[J].数量经济技术经济研究,2012,29

(5):36-49+148.

杨先明,田永晓,马娜.环境约束下中国地区能源全要素效率及其影响因素[J].中国人口·资源与环境,2016,26(12):147-156.

杨吾扬,梁进社.中国的十大经济区探讨[J].经济地理,1992(3):14-20.

余东华,张明志."异质性难题"化解与碳排放EKC再检验——基于门限回归的国别分组研究[J].中国工业经济,2016(7):57-73.

赵忠秀,王苒,Hinrich Voss,闫云凤.基于经典环境库兹涅茨模型的中国碳排放拐点预测[J].财贸经济,2013(10):81-88+48.

查冬兰,周德群.为什么提高能源效率没有减少能源消费——能源效率回弹效应研究评述[J].管理评论,2012(1):45-51.

查冬兰,周德群.基于CGE模型的中国能源效率回弹效应研究[J].数量经济技术经济研究,2010(12):39-53+66.

张成,蔡万焕,于同申.区域经济增长与碳生产率——基于收敛及脱钩指数的分析[J].中国工业经济,2013(5):18-30.

张红,李洋,张洋.中国经济增长对国际能源消费和碳排放的动态影响——基于33个国家GVAR模型的实证研究[J].清华大学学报(哲学社会科学版),2014,29(1):14-25+159.

张文彬,李国平.中国区域经济增长及可持续性研究——基于脱钩指数分析[J].经济地理,2015,35(11):8-14.

张友国.经济发展方式变化对中国碳排放强度的影响[J].经济研究,2010,45(4):120-133.

郑慕强,东盟五国能源消费、经济增长与碳排放——基于环境库兹涅茨曲线的实证研究[J].创新,2012,6(3):82-86+128.

郑若娟,王班班.中国制造业真实能源强度变化的主导因素——基于LMDI分解法的分析[J].经济管理,2011(10):23-32.

周勇,林源源.技术进步对能源消费回报效应的估算[J].经济学家,2007(2):45-52.

周银香.交通碳排放与行业经济增长脱钩及耦合关系研究——基于Tapio脱钩模型和协整理论[J].经济问题探索,2016(6):41-48.

周银香,吕徐莹.中国碳排放的经济规模、结构及技术效应——基于33个国家GVAR模型的实证分析[J].国际贸易问题,2017(8):98-109.

周五七,聂鸣.中国工业碳排放效率的区域差异研究——基于非参数前沿的实证分析[J]. 数量经济技术经济研究,2012,29(9):58-70.

宗蓓华.战略预测中的情景分析法[J].预测,1994(2):50-51+55+74.

二、英文文献

Aigner D J, Lovell C A K, Schmidt P. Formulation and estimation of stochastic frontier production models [J]. Journal of Econometrics, 1977, (6): 21-37.

Ang B W,Choi K H. Decomposition of aggregate energy and gas emission intensities for industry: A refined divisia index method [J].The Energy Journal, 1997, 18(3): 59-73.

Ang B W. Decomposition analysis for policymaking in energy: Which is the preferred method? [J].Energy Policy,2004,32:1131-1139.

Auci S, Trovato G. The environmental Kuznets curve within European countries and sectors: Greenhouse emission, production function and technology [J]. Economia Politica, 2018,35(3):895-915.

Azomahoua T, Vanc L P N. Economic development and CO_2 emissions: A nonparametric panel approach [J]. Journal of Public Economics, 2005, 90(6):1347-1363.

Bentzen J. Estimating the rebound effect in US manufacturing energy consumption. Energy Economics, 2004, 26(1): 123-134.

Battese G E, Coelli T J. A model for technical inefficiency effects in a stochastic frontier production function for panel data [J]. Empirical Economics, 1995, 20(2): 325-332.

Brown S M, Thornly A. Decoupling economic growth and energy use in New Zealand[EB/OL].2006.http://www.stats.govt.nz/NR/rdonlyres.

Bosseboeuf D, Chateau B, Lapillone B. Cross-country comparison on energy efficiency indicators: The ongoing european effort towards a common methodology [J]. Energy Policy, 1997, 25(9): 673-682.

Chang T P, Hu J L. Total-factor energy productivity growth, technical progress, and efficiency change: An empirical study of China [J]. Applied Energy, 2010, 87(10):3262-3270.

Charnes A, Cooper W W,Rhodes E. Measuring the efficiency of decision making units [J]. European Journal of Operational Research, 1978, 2(6): 429-444.

Chermack T J. Studying scenario planning: Theory, research suggestions, and hypotheses [J]. Technological Forecasting & Social Change, 2005,72(1):59-73.

Chung Y H H, Färe R, Grosskopf S. Productivity and undesirable outputs: A directional distance function approach [J]. Microeconomics, 1997, 51(3):229-240.

Cole M A. US environmental load displacement: Examining consumption, regulations and the role of NAFTA [J]. Ecological Economics, 2004 (4):439-450.

Dasgupta P, Heal G M. Economic theory and exhaustible resources [J]. Cambridge Books, 1985, 14(14):355.

DeFreitas L C, Kaneko S. Decomposing the decoupling of CO_2 emissions and economic growth in Brazil [J]. Ecological Economics, 2011, 70 (8):1459-1469.

Deichmann U, et al. Relationship between energy intensity and economic growth: New evidence from a multi-country multi-sector data set [J]. Policy Research Working Paper Series, 2018.

Diakoulaki D, Mandaraka M. Decomposition analysis for assessing the progress in decoupling industrial growth from CO_2 emissions in the EU manufacturing sector [J]. Energy Economics, 2007, 29(4):636-664.

Du J, Liang L, Zhu J. A slacks-based measure of super-efficiency in data envelopment analysis: A comment [J]. European Journal of Operational Research, 2010, 204(3): 694-697.

Fenn P, Vencappa D, Diacon S, et al. Market structure and the efficiency of european insurance companies: A stochastic frontier analysis [J]. Journal of Banking and Finance, 2008, 32(1): 86-100.

Fare R, Knox L C A. Measuring the technical efficiency of production [J]. Journal of Economic Theory, 1978, 19(1):150-162.

Fare R, Grosskopf S, Pasurka C A. Environmental production functions and environmental directional distance functions [J]. Energy, 2007,

32(7):1055-1066.

Filippini M, Hunt L C. Energy demand and energy efficiency in the OECD countries: A stochastic demand frontier approach [J]. Energy Journal, 2011, 32(2): 59-80.

Filippini M, Hunt L C. US residential energy demand and energy efficiency: A stochastic demand frontier approach [J]. Energy Economics, 2012, 34(5): 1484-1491.

Forster B A. Optimal energy use in a polluted environment [J].Journal of Environmental Economic and Management, 1980(7):321-333.

Friedl B, Getzner M. Determinants of CO_2 emissions in a small open economy [J], Ecological Economics, 2003(45): 133-148.

Galeotti M, Lanza A, Pauli F. Reassessing the environmental Kuznets curve for CO_2 emission: A robustness exercise [J]. Ecological Economics, 2006(57):152-163.

Gray D,Anable J, Illingworth L, Graham W. Decoupling the link between economic growth, transport growth and carbon emissions in Scotland [EB/OL]. 2006. http://en.scientificcommons.org/42399527.

Greening L A, Greene D L,Difiglio C. Energy efficiency in buildings through information:Swedish perspective. Energy Policy, 2000, 28(6-7): 389-401.

Greening L A. Effects of human behavior on aggregate carbon intensity of personal transportation: Comparison of 10 OECD countries for the period 1970-1993[J]. Energy Economics, 2004, 26(1):1-30.

Grossman G M, Kruger A B. Environmental impact of North American Free Trade Agreement [D]. NBER Working Paper, 1991,No.3914.

Guo X, Zhu Q, Lv L, et al. Efficiency evaluation of regional energy saving and emission reduction in China: A modified slacks-based measure approach[J]. Journal of Cleaner Production, 2017(140):1313-1321.

Heil M T, Selden T M. Carbon emissions and economic development: Future trajectories based on historical experience [J]. Environment and Development Economics, 2001(6):63-83.

Hu J L, Wang S C. Total-factor energy efficiency of regions in China

[J]. Energy Policy, 2005, 34(17):3206-3217.

Hu J L, Kao C H. Efficient energy-saving targets for APEC economics [J]. Energy Policy, 2007(35): 373-382.

Huettler W, Schandl H, Weisz H. Are industrial economies on the path of dematerialization? Material flow accounts for Austria 1960-1996: Indicators and international comparison [J]. CML Report, 1999:26-29.

Jesús T P, Lovell C A K. Circularity of the malmquist productivity index [J]. Economic Theory, 2007, 33(3):591-599.

Juknys R. Transition period in Lithuania:Do we move to sustainability? [J]. Environmental Research, Engineering and Management, 2003, 26 (4):4-9.

Ke T Y. Energy efficiency of APEC members:Applied dynamic SBM model [J]. Carbon Management, 2017, 8(1):1-11.

Kisswani K M, Harraf A. Revisiting the environmental Kuznets curve hypothesis:Evidence from the ASEAN-5 countries with structural breaks [J]. Applied Economics, 2019,51(16):1855-1868.

Li J,Luo Y,Wang S Y. Spatial effects of economic performance on the carbon intensity of human well-being: The environmental Kuznets curve in Chinese provinces [J]. Journal of Cleaner Production, 2019,233(10):681-694.

Li H, Shi J F. Energy efficiency analysis on Chinese industrial sectors: An improved Super-SBM model with undesirable outputs [J]. Journal of Cleaner Production, 2014, 65:97-107.

Liu J X,Qu J Y,Zhao K. Is China's development conforms to the Environmental Kuznets Curve hypothesis and the pollution haven hypothesis? [J]. Journal of Cleaner Production, 2019,234(10):787-796.

Li Y, Sun L, Feng T, et al. How to reduce energy intensity in China: A regional comparison perspective [J]. Energy Policy, 2013(61):513-522.

Lee Y C, Hu J L,Kao C H. Efficient saving targets of electricity and energy for regions in China [J]. International Journal of Electrical Power and Energy Systems, 2011, 33(6):1211-1219.

Lee C Y,Chen P H. Lightning recognition by transmission line currents of power system [J]. Energy Education Science and Technology, 2011,28(1):227-238.

Lin B Q, Zhang G L. Energy efficiency of Chinese service sector and its regional differences [J]. Journal of Cleaner Production, 2017,168(12): 614-625.

Li K, Lin B Q. The nonlinear impacts of industrial structure on China's energy intensity [J]. Energy, 2014, 69(5):258-265.

Luciano G. On the power of panel cointegration tests: A Monte Carlo comparison [J].Economics Letters, 2003, 80(1): 105-111.

Magazzino C. The relationship between real GDP, CO_2 emissions, and energy use in the GCC countries: A time series approach [J]. Cogent Economics & Finance, 2016, 4(1).

Martinez-Zarzoso I, Bengochea-Morancho A. Pooled mean group estimation for an environmental Kuznets Curve for CO_2[J]. Economic Letters, 2004(82):121-126.

Miketa A, Mulder P. Energy productivity across developed and developing countries in 10 manufacturing sectors: Patterns of growth and convergence [J]. Energy Economics, 2005, 27(3):429-453.

Matiaske W, Menges R, Spiess M. Modifying the rebound: It depends! Explaining mobility behavior on the basis of the German socio-economic panel [J]. Energy Policy, 2012(41): 29-35.

Mizobuchi K. An empirical study on the rebound effect considering capital costs [J]. Energy Economics, 2008, 30(5): 2486-2516.

Nuo L, Yong H. Exploring the effects of influencing factors on energy efficiency in industrial sector using cluster analysis and panel regression model [J]. Energy, 2018,158(9):782-795.

Oh D H. A global malmquist-luenberger productivity index [J]. Journal of Productivity Analysis, 2010, 34(3):183-197.

Patterson M G. What is energy efficiency? Concepts, indicators and methodological issues [J]. Energy Policy, 1996, 24(5):377-390.

Panayotou T. Empirical tests and policy analysis of environmental degradation at different stages of economic development [J].Pacific and Asian

Journal of Energy, 1993, 4(1).

Rio P D, Gual M A. An integrated assessment of the feed-in tariff system in Spain [J]. Energy Policy, 2007, 35(2):994-1012.

Roy J, Yasar M. Energy efficiency and exporting: Evidence from firm-level data [J]. Energy Economics, 2015(52):127-135.

Safarzynska K. Modelling the rebound effect in two manufacturing industries [J]. Technological Forecasting and Social Change, 2012, 79(6):1135-1154.

Saunders H D. Does predicted rebound depend on distinguishing between energy and energy services? [J]. Energy Policy, 2000, 28(6-7): 497-500.

Saunders H D. Historical evidence for energy efficiency rebound in 30 US sectors and a toolkit for rebound analysts [J]. Technological Forecasting & Social Change, 2013 (7):1317-1330.

Shemelis K H, Megersa D D. Does energy-environmental Kuznets Curve hold for Ethiopia? The relationship between energy intensity and economic growth [J]. Journal of Economic Structures, 2019, 8(1):1-21.

Shi G M, Bi J, Wang J N. Chinese regional industrial energy efficiency evaluation based on a DEA model of fixing non-energy inputs [J]. Energy Policy, 2010, 38(10):6172-6179.

Sorrell S and Dimitropoulos J. The rebound effect: Microeconomic definitions, limitations and extensions [J]. Ecological Economics, 2008, 65(3): 636-649.

Stiglitz J E. Growth with exhaustible natural resources: The competitive economy [J]. The Review of Economic Studies, 1974, 41(5):139-152.

Sueyoshi T, Goto M. DEA approach for unified efficiency measurement: Assessment of Japanese fossil fuel power generation [J]. Energy Economics, 2011, 33(2): 292-303.

Tian Y, Xiong S, Ma X, et al. Structural path decomposition of carbon emission: A study of China's manufacturing industry [J]. Journal of Cleaner Production, 2018, 193(20):563-574.

Tone K. A slacks-based measure of efficiency in data envelopment analysis [J].European Journal of Operational Research，2001，130(3):498-509.

Tone K,Sahoo B K. Degree of scale economies and congestion: A unified DEA approach [J]. European Journal of Operational Research，2004，158(3):755-772.

Tsutsui M, Goto M. A multi-division efficiency evaluation of US electric power companies using a weighted slacks-based measure [J]. Socio-Economic Planning Sciences，2009，43(3): 201-208.

Tulkens H, Eeckaut P V. Non-parametric efficiency, progress and regress measures for panel data: Methodological aspects [J]. European Journal of Operational Research，1995，80(3):474-499.

Turner K and Hanley N. Energy efficiency, rebound effects and the environmental Kuznets Curve [J]. Energy Economics，2011，33(5): 709-720.

Valente S. Sustainable development, renewable resources and technological progress [J]. Environmental & Resource Economics，2005，30(1): 115-125.

Wang Z H, Feng C, Zhang B. An empirical analysis of China's energy efficiency from both static and dynamic perspectives [J]. Energy，2014，74(9):322-330.

Wang C. Sources of energy productivity growth and its distribution dynamics in China [J].Resource and Energy Economics，2011，33(1): 279-292.

Wang E C. R&D efficiency and economic performance: A cross-country analysis using the stochastic frontier approach [J].Journal of Policy Modeling，2007，29(2): 345-360.

Wang H, Zhou D Q, Zhou P, Zha D L. Direct rebound effect for passenger transport: Empirical evidence from Hong Kong [J]. Applied Energy，2012，92(4): 162-167.

Wang K, Lu B, Wei Y M. China's regional energy and environmental efficiency: A range-adjusted measure based analysis [J]. Applied Energy，2013，112:1403-1415.

Wang K，Yu S，Zhang W. China's regional energy and environmental efficiency：A DEA window analysis based dynamic evaluation [J]. Mathematical & Computer Modelling，2013，58(5-6)：1117-1127.

Wagner M. The carbon Kuznets Curve：A cloudy picture emitted by bad econometrics [J]. Economics，2008，30(3)：388-408.

Xiao C，Wang Z，Shi W，et al. Sectoral energy-environmental efficiency and its influencing factors in China：Based on S-U-SBM model and panel regression model [J]. Journal of Cleaner Production，2018，182(5)：545-552.

Yi L，Sun L，Feng T，et al. How to reduce energy intensity in China：A regional comparison perspective [J]. Energy Policy，2013，61(10)：513-522.

Zhang Y J，Sun Y F，Huang J. Energy efficiency，carbon emission performance，and technology gaps：Evidence from CDM project investment [J]. Energy Policy，2018，115：119-130.

Zheng Y，Qi J，Chen X. The effect of increasing exports on industrial energy intensity in China [J]. Energy Policy，2011，39(5)：2688-2698.